構造の力学
と
最適設計法の融合

Fusion of Structural Analysis
and Optimum Design

著
杉本 博之
渡邊 忠朋

電気書院

まえがき

　構造設計とは，要求される性能を具現化し，検討された結果を用いて構造物を作るための仕様や設計図等を作る作業です．この過程をもう少し具体的に表現すると，〈解析〉→〈照査〉→〈設計〉の流れと表現できることになります．

　設計には，多くの設計パラメータを内包し，それらの組合せのもとに〈解析〉を行い，事前に与えられている〈照査〉を満足しなければなりません．単純桁の設計のように，静定構造物の設計では，最小限各断面の寸法，厚さ等は決定しなければなりません．また，剛性に関する条件（たわみ制限等）がなく，応力だけが要求性能である場合は，後で説明するように上記の〈解析〉→〈照査〉の一方向の流れだけで，未知の設計パラメータは決定できます．しかし，構造物を構成するそれぞれの部材の剛性が，構造物全体の挙動に影響する場合は，〈照査〉を満足する設計パラメータは複数存在することが推定されます．その場合，どの設計パラメータの組合せを採用するかに関する条件が必要となります．この条件を「目的関数」あるいは，「工学的価値基準」といわれます．この工学的価値基準こそが，種々の設計パラメータの組合せの中から，一つの組合せを選択する唯一の条件になりますが，一般には，あまり重要視されているとは思えません．つまり，〈照査〉条件を満足することが目標となり，工学的価値基準がどの程度のものなのか検証されることはほとんどないと思われます．

　本書は，まず，構造力学の基礎的理論に関する説明については最小限にとどめ，得られている結果のみを簡単に説明します．次に，単純な構造モデルの解析法を示し，〈照査〉の条件を満足した上で，断面決定とはどのようになされるかについて説明されます．

　学生の目的意識が比較的稀薄になりがちな構造力学の教育において，今説明されている講義の先にどのような設計問題がありうるかを示し，それがどのように決められて，要求性能を満足する構造物を作るかを明確に示して，目標を強く意識し，学習意欲を少しでも高めることに貢献することを目標の一つとしています．

　大学の構造力学の位置づけにおいて，構造力学系の科目はまだかろうじて主要な科目の一つとして認識されています．各大学で構造工学系の科目を担当している方々と教育の実情を聞くことがありますが，おおむね苦戦しているようでありますし，私もその一人でした．その理由の一つとして，学生の実力不足が指摘されます．相対的にできる学生がいるのは間違いありませんが，年々低下しているのは間違いないと考えられます．

　しかし，学生は学生の言い分もあると思われます．中，高の数物教育に対する質・量の変化があります．昭和40年代，筆者の一人は，一般教養科目の単位を92単位，専門科目の単位を120単位取得しています．これで十分遊ぶこともできましたし，部活もできました．現在の大学の卒業に必要な単位数は，おおむね124単位と思われますが，上記の例と比較すると必要な単位数は6割程度です．この中には当然数物系の科目も含まれますから，現在の学生は，4割減の基礎教育のもとに構造力学の講義を受けることに

なります．水理系，土質系もほぼ同じような状態ではないでしょうか．ある意味で，出来ないのは当たり前と考えざるを得ません．

そのような状況の中で大学側は，教える量と質を下げざるを得ないのが実情です．

構造力学の教科書は，薄くなり，講義の時間数も少ないので，一つの項目を教える中でできるだけ時間数を少なくして，薄く，広く教育せざるを得なくなってきています．単純化された問題を解く解析法は教えますが，それが一連の設計過程の中，どこでどのように使うかなど，学生のモティベーションを高める部分がごそっと切り取られています．

構造解析と構造設計の関係は一般にあまり議論されていません．

例えば，両端単純支持の桁において，桁中央の曲げモーメントあるいはたわみは，解析の立場から見れば簡単な事柄です．静定構造でありますので，断面がどう変わろうと最大曲げモーメントは即座に出ますし，桁の長さあるいは荷重が変わらない限り不変のものです．「解析」であればここで終わり，即座に次の問題に移ります．しかし，設計の立場から考えると，何も決まっていません．断面の形状，寸法等が与えられていませんので，応力の照査などは断面の設計がないと先に進めないことになります．最も簡単な長方形断面（幅ｂ，高さｈ）においてすら，使いうるｂとｈの組み合わせは無数にあります．ここに設計の評価という手続きが必要になります．そして「工学的価値基準」の必要性が現れるわけです．やはり，「解析」が構造設計の終点でなく，「解析」の次の断面の「設計」ができて始めて設計が終了することになります．最も簡単な単純桁の設計においてさえこうですから，より複雑な不静定構造に対しては適切な設計法の利用が必要になるは自明のことです．そこで「解析」と「設計」は本来融合すべきではないかと考え，この本は書かれています．

構造力学が主流の本の中に，本書のように耐震性能照査が含まれることはあまりありませんが，本書では含めて記述されています．耐震設計は構造力学とは別の学問分野ではなく，静的解析の延長上に動的解析はあるということの理解のためです．

本文中で用いる物理量に対しては，できるだけ単位をつけるようにしています．次元解析は工学系の教育機関においてがあまりされていませんが，得られた関係式，物理量などの正誤の判断には必要と考えています．

また，本書は多くの先人たちによる書籍，文献などを参考にしております．参考文献にすべてを紹介されていませんが，それらの著者の方々には感謝しております．

ここで，改めて学習のポイントをまとめておきます．

本書は物理の力学，および工学系分野の基礎的な構造力学を学んだ学生さん（大学であれば，１年後期から３年前期まで）を対象として書かれています．

筆者の一人は教育者として，40年間構造工学を担当してきましたが，その経験に基づき，構造力学の初めの部分を以降の構造系科目の学習の基礎として，しっかりと固めることを目標として書かれています．

全部で9章ありますが，各章ごとに，ここに力を入れて学習したらという項目を再度

列挙します.

1章　構造工学における必要な基礎的事項

「ベクトルの意味とモーメントの定義」

「図 1.6　部材断面力の符号」 が特に大切な項目になります.

2章　単純桁の解析と設計

「曲げモーメント図と断力図の関係」

「集成部材の断面 2 次モーメントの計算」

「目的関数と制約条件の工学的意味」

「影響線と断面力図の関係」

3章　桁のたわみの計算

「式 (3.1) の誘導の再確認」

「弾性荷重法の利用」

「マッコーレーの利用」

4章　不静定構造（格子桁の解析と設計）

「不静定構造の解析の再確認」

「断面寸法の決定」

「図 4.5 に示す設計空間の理解」

5章　トラスの解析と設計

「節点法と断面法の再確認」

「不静定トラスの解析法の再確認」

「図 5.12 に示す設計空間の理解」

6章　柱の座屈の基礎理論

「柱の座屈の基礎微分方程式の再確認」

「マトリクスの縮小による座屈荷重の計算」

7章　マトリクス構造解析

「部材剛性マトリクスの重ね合せによる全体構造マトリクスの作成」

「簡単な構造を解いてみる」

8章　耐震性能照査

「式 (8.1) 減衰自由振動の公式の理解」

「応答スペクトルの理解」

「コンクリート構造物の地振動による損傷の理解」

9章　構造最適設計

「構造最適設計の理解」

「関数の線形近似と意味」

「多目的計画法とパレート解の意味」

令和 1 年 9 月

著　者

目　　次

まえがき

1 構造工学において必要な基礎的知識 ………………………… *2*

- 1.1 力の釣合い（ベクトル） ……………………………… *2*
- 1.2 骨組構造物の部材断面力の符号 ……………………… *4*
- 1.3 静定構造物と不静定構造物 …………………………… *6*
- 1.4 軸力部材の変形に関する公式の誘導 ………………… *8*

2 単純桁の解析と設計 ……………………………………… *10*

- 2.1 解析 …………………………………………………… *10*
  - (1) 反力（力の釣合い） ……………………………… *10*
  - (2) 荷重 ………………………………………………… *12*
  - (3) 桁の断面力と応力 ………………………………… *12*
  - (4) 曲げモーメントによる桁の直応力の計算 ……… *14*
  - (5) 集成部材の断面2次モーメント ………………… *16*
  - (6) せん断応力の計算 ………………………………… *20*
  - (7) 桁端のせん断力と反力の関係 …………………… *20*
- 2.2 照査 …………………………………………………… *22*
- 2.3 設計問題の定式化 …………………………………… *24*
- 2.4 影響線 ………………………………………………… *26*
  - (1) 影響線とは ………………………………………… *26*
  - (2) 影響線と断面力図 ………………………………… *27*
  - (3) 影響線の利用 ……………………………………… *28*

3 桁のたわみの計算 ………………………………………… *32*

- 3.1 微分方程式による解法 ……………………………… *34*
  - (1) 等分布荷重 ………………………………………… *34*
  - (2) 集中荷重を受ける片持ち梁 ……………………… *36*
  - (3) 単純桁に集中荷重が載荷（連続の条件） ……… *36*
- 3.2 弾性荷重法 …………………………………………… *40*
  - (1) 単純桁の例 ………………………………………… *40*

vi

(2) 張出梁の例‥‥‥‥‥‥‥‥‥‥‥‥‥‥‥‥‥‥‥‥‥‥‥‥‥‥ 42

3.3 マッコーレー法‥‥‥‥‥‥‥‥‥‥‥‥‥‥‥‥‥‥‥‥‥‥‥‥ 44

事例1 集中荷重‥‥‥‥‥‥‥‥‥‥‥‥‥‥‥‥‥‥‥‥‥‥‥ 44

事例2 分布荷重‥‥‥‥‥‥‥‥‥‥‥‥‥‥‥‥‥‥‥‥‥‥‥ 46

事例3 複数の集中荷重‥‥‥‥‥‥‥‥‥‥‥‥‥‥‥‥‥‥‥ 48

豆知識① 桁のたわみと位置エネルギー（静的たわみと動的たわみ）‥‥‥ 49

4 不静定構造（格子桁の解析と設計）‥‥‥‥‥‥‥‥‥‥‥‥‥ 50

4.1 解析‥‥‥‥‥‥‥‥‥‥‥‥‥‥‥‥‥‥‥‥‥‥‥‥‥‥‥‥ 50

⑴ 不静定力‥‥‥‥‥‥‥‥‥‥‥‥‥‥‥‥‥‥‥‥‥‥‥‥ 50

⑵ 適合条件による不静定力の計算‥‥‥‥‥‥‥‥‥‥‥‥‥ 52

⑶ 反力，断面力の計算‥‥‥‥‥‥‥‥‥‥‥‥‥‥‥‥‥‥ 52

4.2 照査‥‥‥‥‥‥‥‥‥‥‥‥‥‥‥‥‥‥‥‥‥‥‥‥‥‥‥‥ 54

4.3 設計‥‥‥‥‥‥‥‥‥‥‥‥‥‥‥‥‥‥‥‥‥‥‥‥‥‥‥‥ 58

5 トラスの解析と設計‥‥‥‥‥‥‥‥‥‥‥‥‥‥‥‥‥‥‥‥‥ 62

5.1 静定トラスの解析‥‥‥‥‥‥‥‥‥‥‥‥‥‥‥‥‥‥‥‥‥ 62

⑴ 節点法‥‥‥‥‥‥‥‥‥‥‥‥‥‥‥‥‥‥‥‥‥‥‥‥‥ 64

⑵ 断面法‥‥‥‥‥‥‥‥‥‥‥‥‥‥‥‥‥‥‥‥‥‥‥‥‥ 66

5.2 不静定トラス構造物の解析と設計‥‥‥‥‥‥‥‥‥‥‥‥‥ 68

⑴ 対称不静定3本トラス構造物の解析‥‥‥‥‥‥‥‥‥‥‥ 68

⑵ 応力の計算‥‥‥‥‥‥‥‥‥‥‥‥‥‥‥‥‥‥‥‥‥‥‥ 70

5.3 照査‥‥‥‥‥‥‥‥‥‥‥‥‥‥‥‥‥‥‥‥‥‥‥‥‥‥‥‥ 72

5.4 設計（3本トラス構造の場合）‥‥‥‥‥‥‥‥‥‥‥‥‥‥ 72

豆知識② ばねで支持された桁のたわみ（ばね定数の考え方）‥‥‥‥‥ 77

6 柱の座屈の基礎理論‥‥‥‥‥‥‥‥‥‥‥‥‥‥‥‥‥‥‥‥‥ 78

6.1 両端ヒンジの柱‥‥‥‥‥‥‥‥‥‥‥‥‥‥‥‥‥‥‥‥‥‥ 80

6.2 1端固定1端ヒンジの柱‥‥‥‥‥‥‥‥‥‥‥‥‥‥‥‥‥ 82

6.3 両端固定の柱‥‥‥‥‥‥‥‥‥‥‥‥‥‥‥‥‥‥‥‥‥‥‥ 84

6.4 1端固定，1端自由の柱‥‥‥‥‥‥‥‥‥‥‥‥‥‥‥‥‥ 84

6.5 公式の無次元化‥‥‥‥‥‥‥‥‥‥‥‥‥‥‥‥‥‥‥‥‥‥ 85

6.6 照査‥‥‥‥‥‥‥‥‥‥‥‥‥‥‥‥‥‥‥‥‥‥‥‥‥‥‥‥ 86

目　次　vii

豆知識③　荷重と反対方向に変形するトラス ……………………………… 87

7 マトリクス構造解析 ……………………………………………… 88

7.1 部材剛性マトリクス …………………………………………… 88

　　1）平衡条件 …………………………………………………………… 89
　　2）弾性条件 …………………………………………………………… 89
　　3）適合条件 …………………………………………………………… 89
　　4）内力と変位の関係 ………………………………………………… 89
　　5）外力と変位の関係 ………………………………………………… 89

7.2 各マトリクスの誘導 …………………………………………… 89

　　(1)　平衡条件 ………………………………………………………… 90
　　(2)　弾性条件 ………………………………………………………… 92
　　(3)　適合条件 ………………………………………………………… 92
　　(4)　内力と変位の関係 ……………………………………………… 92
　　(5)　外力と変位の関係 ……………………………………………… 92

7.3 全体剛性マトリクス作成の事例 …………………………………… 94

7.4 全体剛性マトリクスの解法 ………………………………………… 98

7.5 骨組構造物の解析のための入力データと結果の照査 ……………… 100

　　(1)　計算対象の骨組み構造物 ……………………………………… 100
　　(2)　解析手順 ………………………………………………………… 101

8 耐震性能照査 ……………………………………………………… 104

8.1 はじめに ……………………………………………………………… 104

8.2 構造物の振動 ………………………………………………………… 104

　　(1)　地震による構造物の応答 ……………………………………… 104
　　(2)　数値解析法 ……………………………………………………… 107
　　(3)　応答スペクトル ………………………………………………… 108
　　(4)　動的解析の現状 ………………………………………………… 112

8.3 構造物の特性 ………………………………………………………… 114

　　(1)　耐震に対する鉄筋コンクリート構造の基本 ………………… 114
　　(2)　損傷状態と変形性能 …………………………………………… 116
　　(3)　部材のモデル化 ………………………………………………… 118
　　(4)　耐震設計に用いる諸数値 ……………………………………… 120

8.4 補修費用を考慮した耐震設計例　―設計問題としての定式化― …… 124

（1）　まえがき……………………………………………………124
（2）　部材の非線形性…………………………………………124
（3）　地震動による損傷……………………………………126
（4）　最適設計問題の定式化…………………………………128
（5）　数値計算例……………………………………………132
（6）　あとがき…………………………………………………134

9　構造最適設計 ……………………………………………………136

9.1　繰返し線形計画法（SLP）…………………………………139
9.2　多目的最適化問題………………………………………139

あとがき………………………………………………………………143
参考文献………………………………………………………………146

1 構造工学において必要な基礎的知識

ここでは，数学，物理学に関係する事項の内，最小限必要な項目について説明します．

1.1 力の釣合い（ベクトル）

構造工学で，解析あるいは設計の対象とされるものは，本来3次元空間において説明され，当然実設計においては，3次元的に構造物をモデル化した上で，解析，照査，および設計がなされる必要があります．しかし，3次元的な解析を理解するためには，その前に，2次元的な構造モデルと荷重モデルの作り方を十分に理解し，習熟することが必要です．そのために構造工学の教育においては，まず2次元的な扱いをして，それを十分に理解することが求められます．

図1.1は3次元空間における3軸を示しています．x, y, z がそれぞれの軸の名称で，y, z は一般に部材の断面内の直交する座標軸として用いられます．この3軸の周りにそれぞれモーメントが作用していることになります．2次元解析における x 軸は，桁の軸方向の座標として用いられます．x 軸を考慮することが，3次元解析をしていることにはなりません．

本書では，3次元解析は扱わないので，特に説明がない限り，力，変位，変形などは，図1.2に示す2次元空間，つまり平面上で考えるものとします．

構造物を構成する部材に発生する断面力等は，何らかの荷重（外力）が作用することにより発生します．これらの力は，全てベクトルで表されます．図1.3に示すように，ベクトルとは，方向（θ），大きさ（s），および作用点（A）の3つの要素を持つ量です．ベクトルとともに用いられるスカラーとは，値の大きさのみをあらわす量と定義されます．

力がベクトルであれば，1つの力は，分解あるいは合成の対象となります．

図1.4は力の分解と合成を表します．F が力であり，直交座標軸に平行の力に分解すれば，ベクトル V, H に分解できます．そのとき，ベクトル V, H の大きさは，以下のように表されます．

$$\left.\begin{array}{l} V = F \times \sin\theta \\ H = F \times \cos\theta \end{array}\right\} \tag{1.1}$$

また，上とは逆に，ベクトル V, H が与えられているとすると，それらは合成され1つのベクトル F とすることができます．

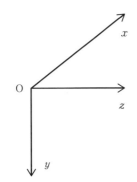

図1.1　3次元空間における座標

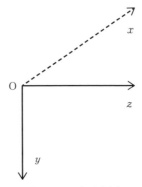

図1.2　2次元座標

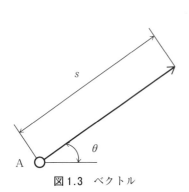

図1.3　ベクトル

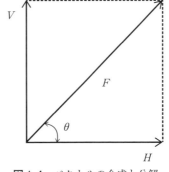

図1.4　ベクトルの合成と分解

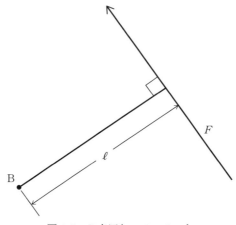

図1.5　B点回りのモーメント

4   1   構造工学において必要な基礎的知識

モーメントは，図 1.5 に示されていますが，

$$M = F \times \ell \tag{1.2}$$

であり，これは，点 B に関して反時計回りのモーメントになります．

以上は，直交座標軸を前提に説明されてきましたが，一般のベクトルの分解，合成において，V と H が直交関係にある必要はありません．しかし，本書の構造解析においては，直交座標系におけるベクトルの合成，分解が主に説明されます．構造物があり，そして外力のあるなしにかかわらず，静止状態で安定しているということは，内部のすべての部分，あるいは点において，水平方向ベクトル，垂直方向ベクトル，およびモーメントベクトルのそれぞれの総和が「0」であることを意味します．

つまり，必要な釣合い条件は，次の 3 式に集約されます．

$$\sum V = 0 \tag{1.3}$$
$$\sum H = 0 \tag{1.4}$$
$$\sum M = 0 \tag{1.5}$$

式 (1.3) は，自由物体図に現れるすべての「力」の垂直成分の和が 0 であることを意味します．式 (1.4) は，式 (1.3) と同様に，自由物体図に現れるすべての「力」の水平成分の和が 0 であることを意味します．最後の式 (1.5) は，自由物体図に現れるすべての「力」の任意の点に関するモーメントの和が 0 であることを意味します．

ここで，「自由物体図」とは，自由物体とそれに作用する力をともに描いた図をいい，自由物体とは，周囲から拘束を受けずに自由に空間に浮かんでいる物体を意味します[1].

1.2   骨組構造物の部材断面力の符号

一般的な物理量の解析において，扱う量の符号（＋，－）は入力，出力に関わらず重要です．数字が出力されてもその符号がわからなければ間違いを起こす可能性があります．構造解析においても同様で，符号は解析された構造物内部の力の作用を理解する上で重要です．

骨組構造物の解析に必要な力は，「**荷重**」，「**反力**」，および「**断面力**」です．これらの 3 種類の力にはそれぞれ符号が設定されます．ただし，3 種類のうち「反力」と「荷重」の符号については，一般的なルールはなく，解析者が任意に定義することができます．任意に定義するといっても，いい加減に扱ってよいというわけではなく，解析の初期の符号は，解析の最後まで適用されます．

一方，部材断面力に関しては，得られた結果の整合性を保つために，図 1.6 に示す符号が，それぞれの断面力の値に用いられます．図 1.6 は，部材を切断した時の微小要素の符号を中央に示しています．一般には，正の符号は一つの切断面に対してのみ示されていますが，図に示すように，正の断面力を組合せで示した方が断面力の性質をよく表すので，図のように断面力ごとに組合せで示しています．

1.2 骨組構造物の部材断面力の符号

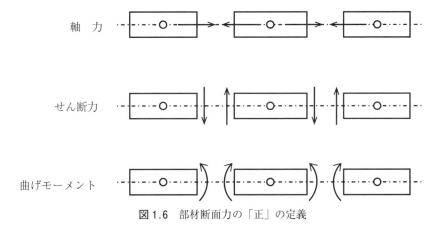

図1.6 部材断面力の「正」の定義

1.3 静定構造物と不静定構造物

骨組構造物は，静定構造物（statically determinate structure）と不静定構造物（statically indeterminate structure）に分けられます．

マトリクス構造解析法を用いれば，静定構造物であるか不静定構造物であるかは，気にしないで解析可能です．しかし，前記の構造物の基本的な特性を理解しておくことは，設計上も大切です．静定，不静定の違いを以下に説明します．

前記のように，静定構造物であれば，「平衡条件」（力の釣合い：equilibrium condition）だけで解析は可能ですが，不静定構造物では，「平衡条件」＋「適合条件」（変位と変形の釣合い：compatibility condition）としなければ解析できません．

ここで，構造物の基本的な特性とは，1部材の断面の変化により，構造物内の他の部材への断面力の再配分が伴うかどうかを意味します．構造物内の部材は，必要に応じて節点が定義されます．トラス構造物であれば，各節点は直交する2方向に移動可能であるし，トラス構造物以外の一般の構造物の節点では，直交する2軸方向の力に加えて，回転の自由度が追加されます．つまり，トラス構造物では，1節点に自由度は2，一般の骨組構造物では，1節点に自由度は3となります．

一方，各部材が，両端ヒンジであれば，内力としての部材軸方向の軸力を伝達します．また，一般的な構造物であれば，軸力の他に部材両端で曲げモーメントを伝達します．つまり，トラス構造物であれば，1部材は軸力一つを分担しますが，一般の骨組構造物においては，1部材は軸力の他に両端の曲げモーメントを伝達しますので一般に3つの内力を分担することになります．これらの「自由度の総和」と「部材内力の総和」の差が不静定次数 ND（degree of redundancy）となります．つまり，

$$ND = （部材内力の総数：NB） - （節点の自由度の総数：NF） \tag{1.6}$$

が不静定次数となります．つまり上式の計算の結果が0であれば静定構造物，一方0より大きければ不静定構造物で，ND 次の不静定構造物となります．ここで，NB は上に書かれているように，構造物を構成する各部材が分担する内力の総和，NF は構造物内に設定されている各節点が支承等により変形が拘束されていない自由度の総数です．いくつかの例を挙げると，以下のようになります．

○ トラス構造物の例 ：
最初に3本トラスの例を図1.7a，1.7b に示します．白丸（①等）は節点番号で，黒丸（❷等）は部材番号です．図1.7a は，軸力のみを伝達する部材が3本，移動可能な節点が節点②において，水平，垂直を有します．つまり自由度 $NF = 2$ となる例です．部材内力の総数 $NB = 3$ ですので，不静定次数は，

$$ND = 3 - 2 = 1$$

となります．したがってこれは，1次不静定構造物ということになります．

図1.7a から，垂直部材❸を取ったのが図1.7b です．これは，NB が3から2になる

ので,
$$ND = 2 - 2 = 0$$
となり，静定構造物になります．

図 1.7c は，門型ラーメンを対象とする問題です．1 部材につき，両端に発生する曲げモーメント，および軸力の 3 つの力を分担することが基本となります．1 節点の自由度は，拘束がない限り，水平，垂直以外に，回転の 3 自由度を持つことになります．

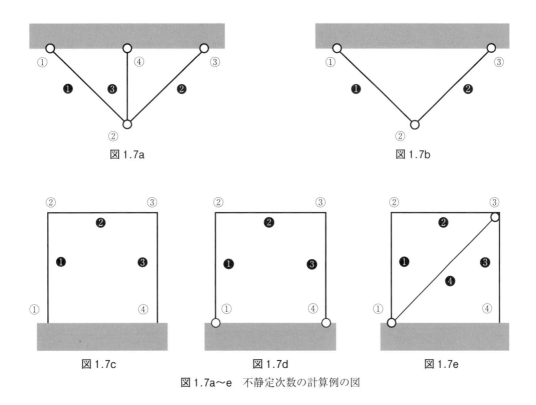

図 1.7a～e　不静定次数の計算例の図

8　　1　構造工学において必要な基礎的知識

　図1.7cは，部材が3本あるので，NB（部材内力の総数）は$3 \times 3 = 9$，一方，3方向に移動可能な節点が2つ（②，③）あるので，自由度$NF = 3 \times 2 = 6$となり，不静定次数NDは，

$$ND = 9 - 6 = 3$$

となり3次不静定構造物ということになります．

　図1.7dは，図1.7cの部材❶と❸の剛結部分①，④をヒンジに替えた例です．部材内力NB（部材内力の総数）は変わらず$3 \times 3 = 9$，節点①，④がヒンジになりましたので，節点自由度NFはそれぞれ1減ですので2となります．結局，NBは9，NFは6から2増えて8となり不静定次数NDは，

$$ND = 9 - 8 = 1$$

となり，1次不静定構造物ということになります．

　図1.7eは，図1.7dに①－③間を結ぶ軸力部材を追加した例です．この場合，NBは，図1.7cに1加えて10となります．節点自由度は変化がないので，図1.7cと同様に$NF = 6$となります．不静定次数NDは，

$$ND = 10 - 6 = 4$$

となり，4次不静定構造物ということになります．

　ここでは，トラス構造について説明しましたが，軸力と曲げモーメントを分担する部材から構成される一般の骨組構造物で，第7章で説明されるマトリクス構造解析を用いる場合は，不静定次数は意識されないで解析されます．

1.4　軸力部材の変形に関する公式の誘導

　棒の軸方向に荷重が作用した場合（図1.8）の伸び（縮み）の計算式を説明します．以下に，構造力学の基礎になっている主要な3つ公式を説明します．

・歪と伸びの関係　　　　　　　$\varepsilon = \dfrac{\varDelta \ell}{\ell}$ 　　　　　　　　　　　　　　(1.7)

・応力とひずみの関係　　　　　$\sigma = E\varepsilon$ 　　　　　　　　　　　　　　(1.8)

・応力と荷重の関係　　　　　　$\sigma = \dfrac{P}{A}$ 　　　　　　　　　　　　　　(1.9)

上の3式を上から順に下の式に代入することにより，最終的に下式が得られます．

$$\varDelta \ell = \frac{P\ell}{EA} \tag{1.10}$$

ここで，$\varDelta \ell$：軸力を受ける棒の伸び（縮み）　　　（mm）
　　　　ℓ：棒のもとの長さ　　　　　　　　　　（mm）
　　　　σ：軸力を受ける棒の断面の応力　　　（N/mm²）
　　　　E：棒の弾性係数　　　　　　　　　　（N/mm²）

ε：軸力を受ける棒のひずみ
P：棒に作用している軸力　　　　　(N)
A：棒の断面積　　　　　　　　　　(mm²)

式 (1.10) は，構造力学の基礎的な公式です．

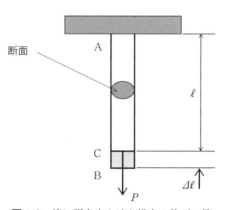

図 1.8　棒に張力をかけた場合の伸びの量

2 単純桁の解析と設計

最初の課題として，図2.1，図2.2に示す単純桁の解析，照査，および設計について説明します．断面等に関する座標は，桁の軸方向に (x)，断面の水平軸が (z)，断面の垂直軸が (y) です．

2.1 解析

⑴ 反力（力の釣合い）

自由物体図（free body diagram）には，自由物体とそれに作用する力を書きます．力は，反力 R_A，R_B，および分布荷重 q あるいは集中荷重の P の3力です．図で表すと図2.3（等分布荷重），図2.4（集中荷重）のようになります．釣合いの条件は，これら3つの力について，水平，垂直，および任意点に関するモーメントが，それぞれ釣り合わなければならないということになります．3つの力に対して，式 (1.3)〜(1.5) の3つの条件がありますので，必ず解けることになります．ただ，与えられた問題（図2.1，図2.2）は，水平成分はないので，水平成分は自動的に満足されています．

結局，垂直成分と，任意点の曲げモーメントの釣合い条件で，R_A，R_B を求めることができます．つまり，

・等分布荷重：q の場合（図2.3の自由物体図より）

荷重の総量は $q\ell$ で対称構造ですから，左右の反力は等しく自明ですが，一応段取りに従って計算すると以下のようになります．

$$R_A + R_B = q\ell$$

B点回りのモーメントを考えて，

$$R_A \times \ell - q\ell \times \frac{\ell}{2} = 0$$

$$\therefore R_A = R_B = \frac{q\ell}{2} \tag{2.1}$$

・集中荷重：P の場合（図2.4の自由物体図より）

$$R_A + R_B = P$$

B点回りのモーメントを考えて，

$$R_A \times \ell - P \times b = 0$$

$$\therefore R_A = \frac{Pb}{\ell}, \quad R_B = \frac{Pa}{\ell} \tag{2.2}$$

それぞれの荷重条件における反力の計算ができました．

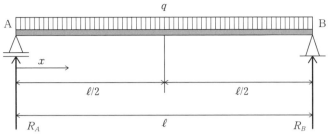

図2.1 等分布荷重を受ける桁

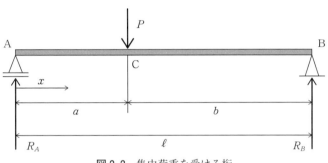

図2.2 集中荷重を受ける桁

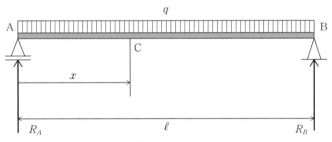

図2.3 等分布荷重を受ける桁の自由物体図

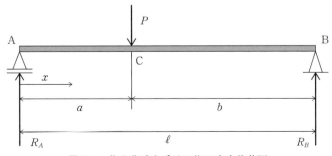

図2.4 集中荷重を受ける桁の自由物体図

12   2　単純桁の解析と設計

⑵　荷重

　構造設計において，荷重は重要なパラメータです．構造解析のテキストでは，集中荷重あるいは分布荷重として設定されます．当然，これらは実際に道路上を走行する荷重をそのまま用いているわけではなく，実際の荷重の状態と解析上扱いやすい形態を考慮して，単純化された荷重モデルを用います．また，荷重の重量の分布を統計的に処理した値が用いられます．一般的には，道路管理者等，対象とする構造物の安全性に対して責任のある組織が決定した値が用いられます．

　荷重の種類は多数あり，それぞれの荷重が発生する可能性も考慮し，いくつかの荷重モデルに対して解析が行われ，設定された照査条件を全て満足しなければなりません．

　以上のような背景の下で，本書においても，荷重は集中荷重と等分布荷重に対しての解析を行い，「照査」，および「設計」の対象とします．

　なお，断面力図の軸はプラスを上向き，マイナスを下向きにとって書かれています．

⑶　桁の断面力と応力

　ここでは，単純桁に 2 種類の荷重が別々に作用した場合の断面力と応力の求め方を説明します．

> 　等分布荷重の場合（図 2.1，図 2.3：前ページ）

　桁の任意の点 (x) で切り，左側の部分構造で考えることにします．右側をとっても同じです．

　左側をとった場合，部分構造図に，荷重，反力 (R_A)，および断面力 (M_x, Q_x) を書き入れると図 2.5 のようになります．ここで，垂直方向と D 点まわりの曲げモーメントのつり合いをとると，次式が得られます．

$$\Sigma V = 0 : R_A - qx - Q_x = 0 \quad \Sigma M_{(D)} = 0 : R_A \times x - qx \times \frac{x}{2} - M_x = 0$$

$$\therefore Q_x = R_A - qx = \frac{q\ell}{2} - qx,$$

$$M_x = R_A \times x - \frac{qx^2}{2} = \frac{q\ell}{2}x - \frac{qx^2}{2} = \frac{q}{2}(\ell x - x^2) \tag{2.3}$$

が得られます．これらの断面力を図で表すと図 2.8 となります．

　この結果，桁に働く最大モーメントは，中央 $(x = \ell/2)$ で $M_{max} = q\ell^2/8$ ということになります．断面が途中で変化せず，全長にわたって等断面であり，かつ応力条件だけを考慮すればよい場合は，この M_{max} に対して断面設計が行われることになります．

> 　集中荷重の場合（図 2.2，図 2.4：前ページ）

　断面力図は，$0 \leq x \leq a\,(\mathrm{A - C})$ と $a \leq x \leq \ell\,(\mathrm{C - B})$ の範囲でそれぞれ求められます．

1) $0 \leq x \leq a$

桁を AC 間の任意の点（x）で切り反力（R_A），断面力（M_x, Q_x）を書き入れると図 2.6 のようになります．ここで，垂直方向と D 点まわりの曲げモーメントの釣合いをとると，次式が得られます．

$$\sum V = 0 : R_A - Q_x = 0 \quad \sum M_{(D)} = 0 : R_A \times x - M_x = 0$$

$$\therefore Q_x = R_A = \frac{Pb}{\ell}, \quad M_x = R_A \times x = \frac{Pb}{\ell}x \tag{2.4}$$

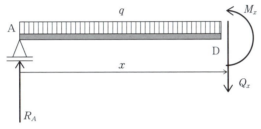

図 2.5 等分布荷重（q）を受けた桁の左側の切断部

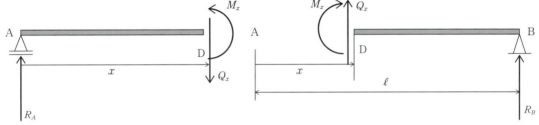

図 2.6 集中荷重を受けた桁の左側の切断部　　**図 2.7** 集中荷重を受けた桁の右側の切断部

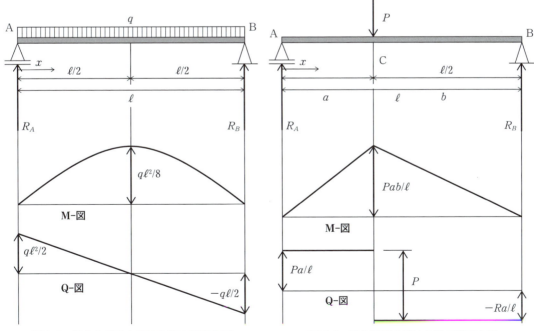

図 2.8 等分布荷重を受けた桁の断面力図　　**図 2.9** 集中荷重を受けた桁の断面力図

14　　2　単純桁の解析と設計

2）$a \leq x \leq \ell$

桁を CB 間の任意の点 (x) で切り反力 (R_B)，断面力 (M_x, Q_x) を書き入れると図 2.7 になります，ここで，垂直方向と D 点まわりの曲げモーメントのつり合いをとると，次式が得られます．

$$\Sigma V = 0 : R_B + Q_x = 0 \quad \Sigma M_{(D)} = 0 : R_B \times (\ell - x) - M_x = 0$$

$$\therefore Q_x = -R_B = -\frac{Pa}{\ell}, \ M_x = R_B \times (\ell - x) = \frac{Pa}{\ell}(\ell - x) \tag{2.5}$$

得られた断面力を図に表すと，図 2.9 のようになります．

この結果，集中荷重の場合，桁に働く最大モーメントは，中央 $(x = \ell/2)$ で $M_{max} = Pab/\ell$ となります．分布荷重の場合と同様に，断面が途中で変化せず，全長にわたって等断面であり，かつ応力条件だけを考慮すればよい場合は，この M_{max} に対して断面設計が行われることになります．

曲げモーメントを 1 度微分したのがせん断力ということになります．したがって，せん断力図は，曲げモーメント図の勾配を表すことになります．せん断力図は，曲げモーメント図を書く上で貴重な情報となります．1 例として，図 2.8（前ページ）のせん断力図と曲げモーメント図を説明します．せん断力図は支間中央で 0 ですが，対応するモーメント図では，モーメントの極大値が表れています．図を描く上でも重要な関係です．

(4)　曲げモーメントによる桁の直応力の計算

桁あるいは柱の断面が設計条件に対して適正であるかそうでないかについては，断面寸法に関わる条件もありますが，第一に満足しなければならないのは応力度です．

種々の荷重のもとで計算される応力度は，必ず許容応力度以内になければなりません．この許容応力度は，例えば，道路橋示方書[2]などに明記されていますが，作用応力度は自分で導く必要があります．作用応力度の計算は，以下のように計算式が誘導されます．

曲げ応力を受ける梁（桁）について，誘導の過程を簡単に説明します．

曲げ応力の計算は，応力（力）とひずみの関係を用いて説明されます．図 2.10 は，図の下部に示した桁の両端が，左右に作用するプラスの曲げモーメントにより変形する状態を示しています．桁の中央の破線は，円曲線と考えます．この円曲線の両端にそれぞれ接線を書き，接線（中心線とほぼ一致しますので，図には書かれていません）に垂直な直線を書き入れると，微小変形の仮定の下では，2 本の直線は図に示すように点 O で交わります．これから説明する断面 2 次モーメント，および変位の計算はこの関係を利用しています．ただ，実際の理論の誘導は，図 2.10 に丸で囲んだ部分のみを用います．図のスケールのため関係する部分がよくわからないので，円で書かれた部分を拡大したのが図 2.11 です．桁の中央部分を拡大したものです．図中の ρ は曲率半径であり，図の上部の方で下からの直線と点 O で交叉します．曲げ応力式は，以下のようにして誘導されます．

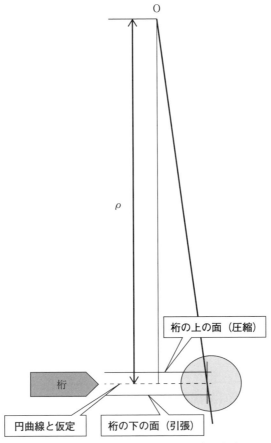

図 2.10 桁の断面 2 次モーメント(概要図)

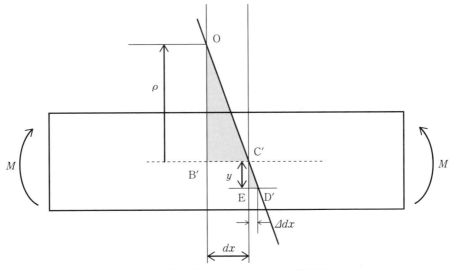

図 2.11 桁の断面 2 次モーメント(詳細図)

16   2   単純桁の解析と設計

まず，大小の三角形 $\triangle OB'C'$ と $\triangle C'ED'$ の相似の関係で，次式が誘導されます．

$$\rho : dx = y : \Delta dx \quad \rightarrow \quad dx \cdot y = \rho \cdot \Delta dx \tag{2.6}$$

つまり，桁のひずみは，$\varepsilon = \dfrac{\Delta dx}{dx} = \dfrac{y}{\rho}$ となります．

モーメント M は，内部の応力度から計算される値と同じ量ですから，次式が成立します．

$$M = \int_A y \cdot \sigma \cdot dA = \int_A y \cdot E\varepsilon \cdot dA = \int_A y \cdot E\frac{y}{\rho}dA = \frac{E}{\rho}\int_A y^2 dA = \frac{EI}{\rho}$$
$$(\text{kN·mm}) \tag{2.7}$$

$$\sigma = E \cdot \varepsilon = E \cdot \frac{y}{\rho} = \left(\frac{E}{\rho}\right) \cdot y = \frac{M}{I}y \qquad (\text{kN/mm}^2) \tag{2.8}$$

ここで，σ：断面内の y の位置の作用応力 (kN/mm^2)，

M：作用モーメント (kN·mm)

y：応力を求める断面内上下方向の座標 (mm)，E：弾性係数 (kN/mm^2)

I：桁の中立軸に関する断面 2 次モーメント ($I = \int_A y^2 dA$：moment of

inertia) $\hspace{8cm} (\text{mm}^4)$

⑸ 集成部材の断面 2 次モーメント

前節の式 (2.7) および式 (2.8) で断面の断面 2 次モーメント (I) が，次のように定義されました．

$$I = \int_A y^2 dA \qquad (\text{mm}^4) \tag{2.9}$$

ここでは，いくつかの例を取り上げて，単一部材および集成部材の断面 2 次モーメントおよび断面係数（W：section modulus）を説明します．

まず，単一部材の例として，図 2.12a に示す長方形断面を取り上げます．曲げを受ける桁の断面は種々の形状がありますが，ここでは，よく使われる長方形断面で説明します．

図 2.12a において，z 軸は断面の重心 G を通り断面の上下縁に平行な軸です．垂直軸 y は下向きを正とします．いま，z 軸に関する断面 2 次モーメントが求められているとします．断面の幅は b ですので，z 軸から y の距離にある微小要素の断面積は，

$$dA = b \cdot dy \qquad (\text{mm}^2) \tag{2.10}$$

となりますので，z 軸に関する断面 2 次モーメント I_z は，以下のように求められます．

$$I_z = \int_A y^2 dA = 2\int_0^{h/2} y^2 dA = 2b\int_0^{h/2} y^2 dy = \frac{bh^3}{12} \qquad (\text{mm}^4) \tag{2.11}$$

また，z 軸に直交し重心 G を通る y 軸に関する断面 2 次モーメントは，

$$I_y = \frac{b^3 h}{12} \qquad (\text{mm}^4) \tag{2.12}$$

となります.

以上のように，部材が単一部材の場合，断面2次モーメント I_z, I_y が求まれば式 (2.8) より応力の計算ができ，断面照査および設計が可能になります.

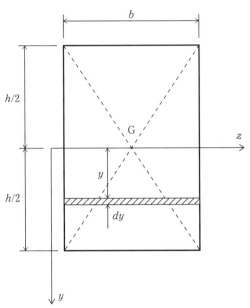

図 2.12a 長方形断面の中心軸に関する断面2次モーメント

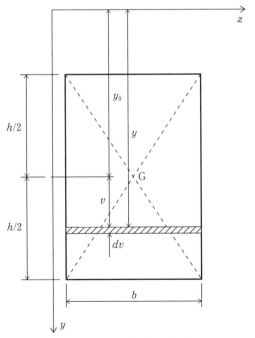

図 2.12b 長方形断面の任意の軸に関する断面2次モーメント

18   2　単純桁の解析と設計

　断面内では，上下の縁端に作用する応力が一番大きいことを考慮し，断面2次モーメントを縁端距離で除した値が断面係数 W として用いられます．この場合，断面の縁端部の応力は以下のように求められます．

$$\sigma_u = \frac{M}{I_z} \cdot y^u = \frac{M}{W_u}, \quad \sigma_\ell = \frac{M}{I_z} \cdot y^\ell = \frac{M}{W_\ell} \quad (\text{kN/mm}^2)$$

$$W_u = \frac{I_z}{y^u}, \quad W_\ell = \frac{I_z}{y^\ell} \quad (\text{mm}^3)$$

ここで，W_u，W_ℓ は，それぞれ，上縁あるいは下縁に関する断面係数です．

　構造部材は，単一の形状を持つ断面のみでなく，複数の異なる断面で集成されることがあります．その場合，これらの集成断面に作用する応力は，断面を構成する各部材の応力の和ではなく，集成された断面自身の重心軸と，その軸に関する断面2次モーメントを求める必要があります．

　図2.12bは，図2.12aの状態から y のプラスの方向（下方）に y_0 だけ移動した状態を表しています．以下，この状態で z 軸に関する断面2次モーメントを求めます．

$$I_z = \int_A y^2 dA = \int_A (y_0 + v)^2 dA = \int_A (y_0{}^2 + 2y_0 \cdot v + v^2) dA$$

$$= y_0{}^2 \int_A dA + 2y_0 \cdot G_n + \int_A v^2 dA = y_0{}^2 \cdot A + 2y_0 \cdot G_n + I_0 \quad (\text{mm}^4)$$

結局，I_z は次式になります．

$$I_z = y_0{}^2 \cdot A + 2y_0 \cdot G_n + I_0 \quad (\text{mm}^4) \tag{2.13}$$

　式（2.13）で，右辺第2項は重心軸に関する断面1次モーメントを計算しているので0になります．第1項は，断面積（A）と移動した量（y_0）の2乗の積であり，第3項は断面自身の重心軸に関する断面2次モーメント（I_0）になります．結局，断面が y_0 移動した場合の z 軸に関する断面2次モーメントは，

$$I_z = I_0 + y_0{}^2 \cdot A \quad (\text{mm}^4) \tag{2.14}$$

となります．

　これらの関係を用いて，図2.13の集成部材の重心軸 z に関する断面2次モーメントは以下のように求めることができます．集成部材の重心（G_0）の位置はすでに求まっているとします．

　図2.13の集成部材の断面2次モーメントは，以下のようにして求まります．

$$I_z = （断面 ABDC （①）の z 軸に関する断面2次モーメント）$$
$$+（断面 CEHF （②）の z 軸に関する断面2次モーメント）$$
$$= (I_0{}^① + a_1{}^2 \times A_1) + (I_0{}^② + a_2{}^2 \times A_2) \quad (\text{mm}^4) \tag{2.15}$$

ここで，$I_0{}^①$：断面①自身の断面2次モーメント　　　　　　　　（mm^4）

　　　　a_1：断面①の重心と集成断面の重心軸 z との距離　　（mm）

　　　　A_1：断面①の断面積　　　　　　　　　　　　　　　（mm^2）

　　　　$I_0{}^②$：断面②自身の断面2次モーメント　　　　　　　　（mm^4）

　　　　a_2：断面②の重心と集成断面の重心軸 z との距離　　（mm）

　　　　A_2：断面②の断面積　　　　　　　　　　　　　　　（mm^2）

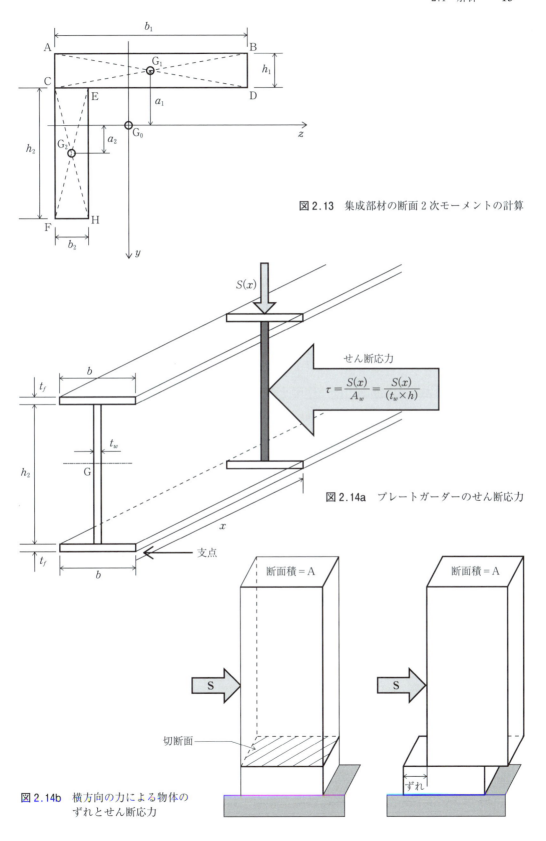

図 2.13　集成部材の断面 2 次モーメントの計算

図 2.14a　プレートガーダーのせん断応力

図 2.14b　横方向の力による物体の
　　　　　ずれとせん断応力

20   2 単純桁の解析と設計

⑹ せん断応力の計算

桁は，曲げモーメントの働きにより，上に説明した直応力の他にせん断応力を受けます．

図 2.14a はプレートガーダーの図ですが，既に説明されているように荷重を支持している桁は，全長に渡って曲げモーメントとせん断力を受けます．曲げによる直応力は前節で説明されています（式 (2.8)）．せん断力は，支点からの距離（x）の関数です．基本的に上下のフランジと腹板で応力を分担します．ただ，腹板が大半を支持しますので，簡易的な方法として，作用しているせん断力を腹板の面積（図で灰色の部分）で除して着目している部分のせん断応力とします．

$$\tau = \frac{S}{A_w} \tag{2.16a}$$

ここで， τ ：桁のせん断応力   （kN/mm²）
          S ：着目部分のせん断力   （kN）
          A_w：桁の腹板の断面積   （mm²）

桁端は，せん断力により腹板が座屈する可能性はありますが，腹板を水平補剛材および垂直補剛材で補強しせん断座屈に対応します．

図 2.14b はマッシブな構造体に対するせん断力の働きを説明するためのものです．この時の切断面に働くせん断応力は，作用せん断力を切断面の断面積で除した値になります．

$$\tau = \frac{S}{A} \tag{2.16b}$$

ここで， τ ：構造体の着目断面のせん断応力   （kN/mm²）
          S ：着目部分に作用するせん断力   （kN）
          A ：構造体の断面積   （mm²）

桁には，種々の荷重が載荷されますが，それらはすべて桁端で支持され，支点→下部構造→基礎→地球 と流れます．当然桁端は重要な部材の一つになります．しかし，新橋はともかく，ある程度の年月がたった橋梁は，桁端のジョイントからの漏水による錆など環境悪化の影響を受け，劣化が顕著になってきています．今後の橋梁の維持管理において重要な課題の一つとなっています．

せん断力の作用とは別に，部材軸の周りのねじりモーメントにより断面に直応力およびせん断応力が発生することがあります．詳細は文献[1]に詳しいです．

⑺ 桁端のせん断力と反力の関係

本節の「⑶ 桁の断面力と応力」において，せん断力図と曲げモーメント図を示し，せん断力図は，曲げモーメントの勾配に対応することを説明しました．この場合プラスの値が直線的に下がり，桁中央でせん断力の値は 0 となり，モーメント図は桁中央で最大となります．また，せん断力図は区間ごとに一定値を取り，対応してモーメント図は

直線的に上昇し，また下降します．これらの関係は，断面力図を書くときに参考になります．

桁端のせん断力は，反力と関係します．例えば，図2.15aにおいては，支点Aでは，プラスの反力に対して，プラスのせん断力が計算されます．一方支点Bにおいては，プラスの反力に対してマイナスのせん断力が計算されます．これは，これから説明する弾性荷重法において，せん断力とたわみ角の関係を理解する上でも大切ですので，理由を説明します．

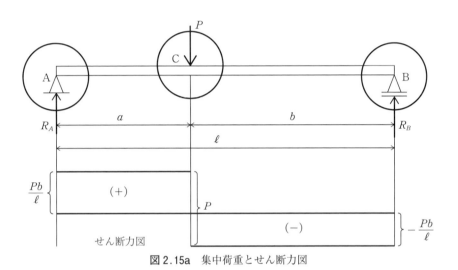

図2.15a 集中荷重とせん断力図

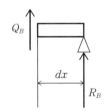

図2.15b A点における力の釣合い　　**図2.15c** B点における力の釣合い

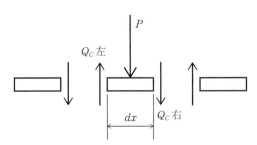

図2.15d C点における力の釣合い

支点Aの直近で力の関係を切り取ったのが，図 2.15b になります．dx は微小量となります．

単純に上下方向（V方向）の釣合いを取りますと，

$$R_A - Q_A = 0$$

つまり，$R_A = Q_A$

となり，せん断力の符号と反力の符号が一致します．しかし，支点Bでは，直近で切り取った図 2.15c から，次のような V 方向の釣合いを取ると，次式が得られます．

$$R_B + Q_B = 0$$

つまり，$R_B = -Q_B$

となり，反力の符号はマイナスで得られます．これらは，Q_B，R_B の当初の符号設定と矛盾するわけではなく，B点のせん断力はマイナスですので，R_B が上向きであることは変わりません．

また，荷重載荷点のせん断力は，図 2.15a に示されているように，不連続になります．これも，荷重載荷点の直近を切り取った図 2.15d に示したように，力の釣合いを取れば理解できます．

釣合い式は以下のようになります．

$$P + Q_{C右} - Q_{C左} = 0$$

つまり，$Q_{C左} - Q_{C右} = P$

となり，$Q_{C右}$ はマイナスですから，ここで P のギャップが生じます．

2.2 照査

以上で，集中荷重の場合と，等分布荷重の場合の断面力（曲げモーメントとせん断力）が求められました．必要な値を計算できる状態になりました．さらに，a，b，ℓ 等の数値条件の設定，および設計問題として定式化を試み，その上で照査について説明します．

対象とする桁は，図 2.16 に示すコンクリート製の桁とします．支間長は 10 m とし，断面は長方形であり，図 2.17a に示す幅 B と高さ H とします．これらのパラメータが決定されるべき変数となります．コンクリートの場合は，引張側の断面は一般に無視されますが，ここではその効果は無視し，全断面有効とします．また，許容応力度は 21 N/mm² とします．設計の過程は，荷重が集中荷重でも，分布荷重でも同じですので，ここでは，等分布荷重の場合の最大モーメント $M_{max} = q\ell^2/8$ に対して断面決定を試みます．等分布荷重 q は 150 kN/m（= 150 N/mm）とします．

なお，断面形状としては，ここで扱う長方形断面以外に，図 2.17b，図 2.17c のような断面も用いられ，断面内部にも設計パラメータ（材料強度など）はありますが，ここでは，主に外形に関わるパラメータ（B，H）のみを扱います．

2.2 照査　23

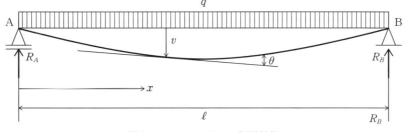

図 2.16 コンクリート製単純桁

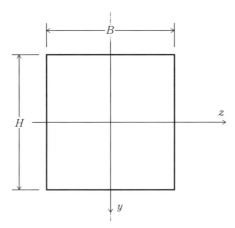

図 2.17a 桁の断面の例（長方形断面）

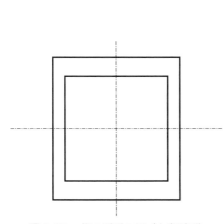

図 2.17b 桁の断面の例（中空断面）

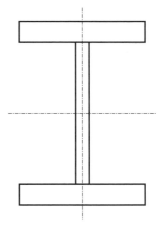

図 2.17c 桁の断面の例（H型断面）

24   2　単純桁の解析と設計

2.3　設計問題の定式化

　設計の照査には，決めるべきパラメータの設計値，およびそれらの値で制約条件を満足するかどうかの数式を整理する必要があります．以下に，設計問題としての定式化を示します．

○　目的関数　：

　目的関数としては，様々の価値を取りえますが，ここでは，図 2.17a に示す梁の断面積の最小化を目的とします．つまり，この問題の目的関数は以下のように示すことができます．

$$A = BH \quad \rightarrow \quad \min \tag{2.17}$$

ここで，A は部材断面積 (mm^2)，B は断面の幅 (mm)，H は断面の高さ (mm) です．

○　制約条件　：

　本設計問題では，断面の上下縁の応力が，許容応力度を超えないということを条件にしていますので，制約条件は，応力に関する条件と，B, H の上下限値に関する条件が必要です．

　まず，応力に関する条件は，以下のように表現されます．

$$\sigma = \frac{M}{I} \times \frac{H}{2} \leq \sigma_a = 21 \,\mathrm{N/mm}^2 \tag{2.18}$$

ここで，　σ：断面に作用する最大応力度 $(\mathrm{N/mm}^2)$

　　　　　M：解析の結果から得られている桁の最大曲げモーメント $(\mathrm{N \cdot mm})$

$$M = \frac{q\ell^2}{8} = \frac{150 \times 10000^2}{8} = 1875 \times 10^6 \,\mathrm{N \cdot mm}$$

　　　　　I：桁の断面 2 次モーメント (mm^4)　$(I = BH^3/12)$

　　　　　H：桁の高さ (mm)

　　　　　σ_a：設計が満足すべき許容応力度 $(\mathrm{N/mm}^2)$

以上をまとめて応力に関する制約条件式を整理すると，以下のようになります．

$$\sigma = \frac{M}{I} \times \frac{H}{2} = \frac{1875 \times 10^6}{BH^3/12} \times \frac{H}{2} = \frac{6 \times 1875 \times 10^6}{BH^2} \leq \sigma_a = 21 \,\mathrm{N/mm}^2 \tag{2.19}$$

　結局，応力の制約条件式 (2.19) を整理すると以下のようになります．

$$BH^2 \geq 535.71 \times 10^6 \,(\mathrm{mm}^3) \tag{2.20}$$

　B, H の上下限値に関する条件は，それぞれ，下限値 50 mm，上限値 1000 mm としますと，これらは以下のように設定されます．

$$50\,\mathrm{mm} \leq B \leq 1000\,\mathrm{mm} \tag{2.21a}$$

$$50\,\mathrm{mm} \leq H \leq 1000\,\mathrm{mm} \tag{2.21b}$$

○ 設計変数 :

本設計問題で，決定すべきパラメータは，図 2.18 の B, H となります．これらの値にはそれぞれ，式 (2.21a) と式 (2.21b) の上下限値に関する条件が設定されます．この設計問題は，B, H の 2 変数であり，構造物が静定構造物ですので，以下のように制約条件式を得ることができます．式 (2.20) より，$A = BH$ ですので，

$$A \geq \frac{535.71 \times 10^6}{H} \tag{2.22}$$

が得られます．不等号が残りますが，設計の目的は，断面積 (A) の最小化であり式 (2.17) の右辺は A の最小値ですので，この場合，H が与えられれば，A は自動的に決まりますので，不等号は等号と考えてよくなります．その結果，H が大きければ大きいほど断面積 (A) は小さくなる．しかし式 (2.21b) に H の上限値が設定されていますので，断面積 (A) を最小にする H は 1000 mm となります．また，式 (2.20) より，

$$B = 535.715 \times 10^6/H^2 = 535.71 \times 10^6/(1000)^2 = 535.71 \text{ mm} \tag{2.23}$$

が得られます．つまり設計解①は，$(B, H)^① = (535.71 \text{ mm}, 1000 \text{ mm})^①$ となります．この時 $A^① = 535.71 \times 10^3 \text{ mm}^2$ となります．

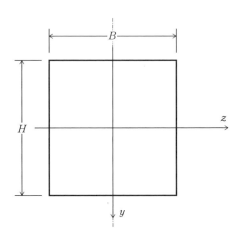

図 2.18 数値計算用の桁の断面
(図 2.17a 再掲：p. 23)

表 2.1 長方形断面の設計比較

設計	B (mm)	H (mm)	A (mm²)	σ (N/mm²)
①	536	1000	535,710	21
②	600	950	570,000	21

26   2   単純桁の解析と設計

今，この設計問題は，式 (2.17) の設計に対する価値基準が設定されていたので，部材断面積を最小にする設計解を得ることができ，設計変数の値を決定できました．しかし，もし式 (2.17) の設計の価値基準が設定されていないと，式 (2.21a)，式 (2.21b) が重要となります．例えば，$(B, H)^{②} = (600\,\text{mm}, 950\,\text{mm})^{②}$ は式 (2.19)，式 (2.21b) を満足し，かつ式 (2.20) を参考にすると，

$$BH^2 = 541.5 \times 10^6\,\text{mm}^3 > 535.71 \times 10^6\,\text{mm}^3$$

となり，応力の条件を満足します．つまり，式 (2.20)〜(2.22) の条件をすべて満足することになります．式 (2.17) の要求がなければこの設計は採用できますが，断面積 $A^{②}$ の値は，$570.00 \times 10^3\,\text{mm}^2$ です．設計者としては，当然設計①を選択すべきです．これらの結果を表 2.1 にまとめました．

以上は，単純な静定構造物設計の一連の手順を説明しました．設計という言葉の中身としては，当たり前のような説明でしたが，少なくとも，設計には多数の可能性があり，それを含む設計空間という概念があることを心にとめていただいて，先に進めます．

もし，上記の問題で，変位の条件が入った場合，および，静定構造物ではなく，不静定構造物の場合はどうなるか，解析方法の学習を含めて次章以降で検討してみましょう．

また，変形の問題が設計に取り込む場合を検討するために，第 3 章において単純桁を主な対象として，微分方程式を解く方法を説明し．桁のたわみを解く幾つかの手法を説明します．

2.4　影響線

本節では，桁の曲げモーメントを例として，影響線について学びます．

(1)　影響線とは

構造設計で扱う設計問題においては，荷重は固定される（自重等）場合と，移動して考えなければならないことがあります．前者の場合，載荷位置そのものは設計者の裁量ではなく，あらかじめそれぞれの理由で定められています．一方，荷重が移動する場合には，どの荷重をどこに載荷したかは，設計者が決めるのが一般です．そのとき，どのような根拠で載荷位置を採用したかについては構造設計において重要な課題になります．そのための考え方が「影響線理論」になります．

つまり影響線は，構造設計において移動荷重の位置を決める重要な理論ということになります．与えられた荷重の位置，あるいは分布荷重の長さ等を，着目した桁の断面力が最大になるように決定します．何等かの制約条件下で断面力が最も不利になる点を探すということですから，ある意味で最適設計法と同じ問題設定ができることになります．

図 2.19a に示す支間長 L の単純桁を用いて説明します．桁の上に等間隔で節点番号を付けていますが，説明上のもので必ずしも必要ではありません．静定構造ですので，桁の断面寸法，断面 2 次モーメントは関係してきません．

影響線においては，まずどの節点の値を見るのかという着目点が定められます．その上で，桁上を単位のない大きさ「1」の荷重（以後，単位荷重と表します）を移動させ，着目する各節点の断面力を計算して得られます．詳しくは次に説明されます．

(2) 影響線と断面力図

図 2.19b は，節点 3 に集中荷重 P が作用した場合の曲げモーメント図を示しています．それぞれの着目点における曲げモーメントは，表 2.2 に示されています．表 2.2 は，横に見ると荷重載荷位置（$j=0\sim 8$）であり，縦に見ると着目点位置（$i=0\sim 8$）を示す図です．つまり縦方向に見ると，断面力図（$P=1$ として），横方向に見ると影響線を

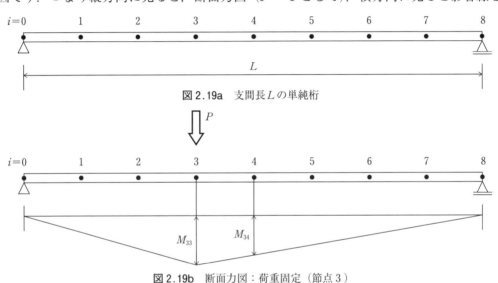

図 2.19a　支間長 L の単純桁

図 2.19b　断面力図：荷重固定（節点 3）

表 2.2　荷重位置（i）と着目点位置（j）の関係：M_{ij}
i に荷重が載荷された時の j の曲げモーメントの値．

j \ i	0	1	2	3	4	5	6	7	8
0				M_{30}					
1				M_{31}					
2				M_{32}					
3				M_{33}					
4	M_{04}	M_{14}	M_{24}	M_{34}	M_{44}	M_{54}	M_{64}	M_{74}	M_{84}
5				M_{35}					
6				M_{36}					
7				M_{37}					
8				M_{38}					

（縦）断面力図
（横）影響線

28 2 単純桁の解析と設計

表します．荷重 P が節点3に載荷された場合は，$M_{30} \sim M_{38}$ が断面力図を構成します．一方影響線は，表2.2を横に見ることにより得られます．つまり，着目点節点4の曲げモーメントの影響線は，単位荷重が，節点 $i = 0$ から $i = 8$ まで移動したときに得られる曲げモーメントの値（$M_{04} \sim M_{84}$）を荷重載荷点直下に書くことにより得られます．

断面力図および影響線のいくつかの縦距を計算すると以下のようになります．

○　断面力図

$$M_{33} = \frac{5}{8}P \cdot \frac{5}{8}L = \frac{15}{64} \cdot PL, \quad M_{34} = \frac{3}{8}P \cdot \frac{4}{8}L = \frac{3}{16} \cdot PL$$

○　影響線図（着目点：4）

$$\overline{M}_{34} = \frac{3}{16} \cdot L, \quad \overline{M}_{44} = \frac{1}{4} \cdot L$$

断面力図の荷重は P としていますが，これを大きさ1の単位付き荷重，あるいは，単位のない大きさ1の荷重と考えることは自由です．

(3)　影響線の利用

図2.20は，荷重 $P = 1$ が桁の上を移動した場合の，節点4の曲げモーメント影響線図を示しています．影響線縦距の意味は，例えば，「$\overline{M}_{34}$」は単位荷重が節点3に載荷された場合の節点4の曲げモーメント意味します．したがって，節点3に集中荷重 P が載荷された節点4の曲げモーメント M_{34} は，荷重が1ならば $\overline{M}_{34}$ ですので，荷重が P ならば，

$$M_{34} = P \times \overline{M}_{34} \tag{2.24}$$

となります．一般の構造解析の手順を踏まないで得ることができます．

表2.2（前ページ）の値（M_{ij}）は，簡単な式で表現することができ，各 i 行，j 列の一般式は，次式で計算されます．

$$M_{ij} = \min\left[\left(\frac{i}{8}\right), \left(\frac{j}{8}\right)\right] - \left(\frac{i}{8}\right) \times \left(\frac{j}{8}\right) \tag{2.25}$$

上式を断面力図に対応させるためには，右辺に荷重 P と部材長 L をかけ，また，影響線に対応させるためには，同じく右辺に部材長 L をかけることにより得られます．また，上式は分割数が8の場合ですが，n とおくことにより任意の分割数に対応可能です．

式 (2.24) は集中荷重に対する影響線の利用法を説明する式ですが，分布荷重に対しては，以下のようにして公式が誘導されます．

図2.21は，図の上部が桁と荷重の関係を示し，下部がある断面力に対するある着目点の影響線を示しています．等分布荷重の場合は，左から x の位置に微小な幅 dx を取ります．$q_0 \cdot dx$ が集中荷重となり，影響線図の対応する部分の縦距 $y(x)$ をかけることにより，微小荷重による，所定の節点の所定の断面力（この場合は曲げモーメント）が

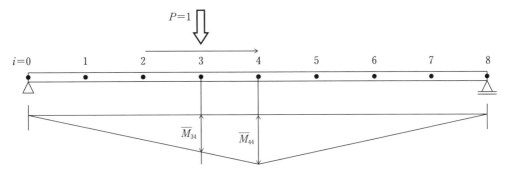

図 2.20 節点 4 の曲げモーメント影響線図:着目点固定(節点 4)

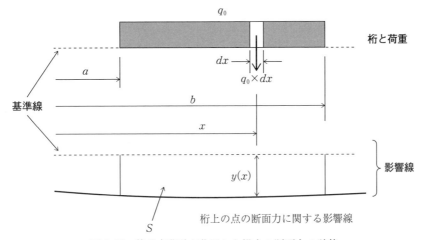

図 2.21 等分布荷重が作用した場合の断面力の計算

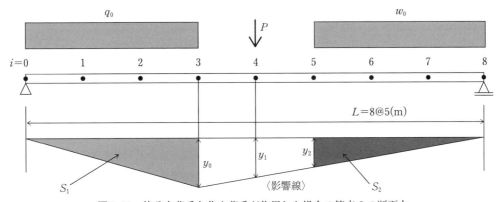

図 2.22 等分布荷重と集中荷重が作用した場合の節点 3 の断面力

30　2　単純桁の解析と設計

次式のように得られます.

$$dM = (q_0 \cdot dx) \cdot y(x) \tag{2.26}$$

　この場合，等分布荷重は，$x = a \sim b$ に載荷されていますので，求める断面力は，次式で得ることができます.

$$M = \int_a^b dM = \int_a^b (q_0 \cdot dx) \cdot y(x) = q_0 \cdot \int_a^b y(x) \cdot dx = q_0 \cdot S \tag{2.27}$$

　ここで，S は等分布荷重が作用している $a \leq x \leq b$ の範囲の影響線面積に相当します.

　つまり，等分布荷重の場合は，荷重強度（q_0）に載荷されている範囲の影響線面積（S）をかければ得られることになります.

○　影響線の計算事例

　図 2.22 の影響線を用いて，節点 3 の曲げモーメントを計算します.

　荷重は，節点 0〜3 と節点 5〜8 にそれぞれ等分布荷重強度 q_0，w_0，および節点 4 に集中荷重 P が載荷された場合の計算です.まず，影響線縦距を計算し，次に分布荷重が載荷されている範囲の影響線面積を計算します.結局，以下のように M_3 が求まります.

○　節点 3 の曲げモーメントの数値計算例

　以下のような数値が具体的にあてはめられる場合，節点 3 の曲げモーメントは，図 2.23 を参考として，以下ように計算されます.

　影響線の縦距，y_0，y_1，および y_2 は以下のように求まります.

$$y_0 = \frac{5}{8} \times 15\,\text{m} = \frac{75}{8}\,\text{m}, \quad y_1 = \frac{1}{2} \times 15\,\text{m}, \quad y_2 = \frac{3}{8} \times 15\,\text{m}$$

　影響線面積 S_1，S_2 は，

$$S_1 = \frac{1}{2} \times y_0 \times 15\,\text{m} = \frac{1125}{16}\,\text{m}^2, \quad S_2 = \frac{1}{2} \times y_2 \times 15\,\text{m} = \frac{675}{16}\,\text{m}^2$$

　よって，$M_3 = q_0 \times S_1 + P \times y_1 + w_0 \times S_2$　$\tag{2.28}$

　次に，桁の計算に必要な数値条件を設定します.

$$L = 40\,\text{m}, \quad q_0 = 1.0\,\text{kN/m}, \quad w_0 = 2.0\,\text{kN/m}$$

式 (2.28) より，

$$
\begin{aligned}
M_3 &= q_0 \times S_1 + P \times y_1 + w_0 \times S_2 \\
&= 1.0\,\text{kN/m} \times \frac{1125\,\text{m}^2}{16} + 10\,\text{kN} \times \frac{15\,\text{m}}{2} + 2.0\,\text{kN/m} \times \frac{675\,\text{m}^2}{16} \\
&= \frac{1}{16}(1.0 \times 1125 + 80 \times 15 + 2 \times 375) \\
&= 230\,\text{kN} \cdot \text{m}
\end{aligned}
$$

となります.つまり，図の荷重条件のもとで，節点 3 のモーメントが必要な場合は，力の釣合いではなく，影響線を用いても簡単に求めることができるということになります.

2.4 影響線　31

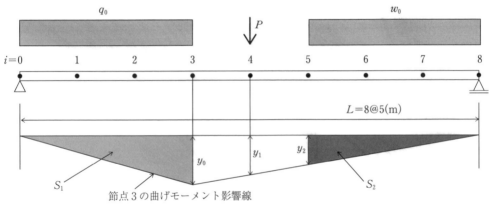

図 2.23　等分布荷重と集中荷重が作用した場合の節点 3 の断面力（影響線を用いる数値計算例）

3 桁のたわみの計算

　梁（桁）のたわみ（v）とたわみ角（θ）の解法には，微分方程式による方法，モールによる弾性荷重法，あるいはエネルギー保存則を用いる方法があります．ここでは，まず「微分方程式による方法」を説明し，その後微分方程式による解法をより簡便な方法に置換えた「弾性荷重法」，および「マッコーレー法」について説明します．右のページには，ここで説明する3種類の桁とそれぞれの最大たわみを示しています．

　桁の微分方程式の誘導については，多くのテキストに載っていますので，ここでは，その微分方程式から説明を始めます．たわみ計算の基本となる微分方程式は，次式で与えられます．

$$\frac{d^2v(x)}{dx^2} = -\frac{M(x)}{EI(x)} \tag{3.1}$$

この式において，$v(x)$，$M(x)$，および $I(x)$ はそれぞれ，始点から x の位置における，たわみ，曲げモーメント，および断面2次モーメントです．これらにおいて，すべて (x) としているのは，これらのパラメータ $v(x)$ と $M(x)$ は，当然 x の関数ですが，$I(x)$ は場合によっては，x の値によって変化する場合もありますので，一般式という意味で右辺に示しました．ただし，これ以降の説明では，桁軸方向に断面2次モーメントは一定と考えて説明します．

　基本微分方程式は，結局以下のようになります．たわみ $v(x)$ は下向きを正とします．

$$EI \cdot \frac{d^2v(x)}{dx^2} = -M(x) \tag{3.2}$$

上式は，比較的簡単な微分方程式であり，積分を2回繰り返すことにより，たわみの式を得ることができます．つまり，

$$EI \cdot \frac{d^2v(x)}{dx^2} = -M(x) \tag{3.3}$$

一度積分をして，

$$EI \cdot \theta(x) = EI \cdot \frac{dv(x)}{dx} = -\int M(x)dx + C_1 \tag{3.4a}$$

もう一度積分することにより，たわみの式が得られます．

$$EI \cdot v(x) = -\iint M(x)dxdx + C_1 \cdot x + C_2 \tag{3.4b}$$

これから学習する桁のたわみの最大値の公式

(EI：桁の曲げ剛性)

■ 等分布荷重を受ける単純桁

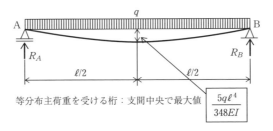

等分布主荷重を受ける桁：支間中央で最大値　$\dfrac{5q\ell^4}{348EI}$

■ 先端に集中荷重を受ける片持ち梁

$\dfrac{P\ell^3}{3EI}$

片持ち梁の先端Aに集中荷重が作用する場合の最大たわみ

■ 中央に集中荷重を受ける単純桁

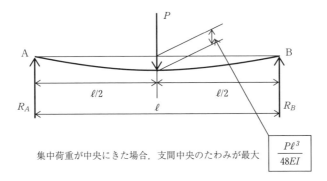

集中荷重が中央にきた場合，支間中央のたわみが最大　$\dfrac{P\ell^3}{48EI}$

34 3 桁のたわみの計算

上記の $\theta(x)$ は，x におけるたわみ角を表します．一般に時計回りを正とします．

たわみの式 $v(x)$ が得られるといっても，式中には，2つの未定係数 C_1，C_2 が含まれています．

たわみの問題が何となく難しく見える理由は，式中に現れるモーメントの2回積分と，未定係数の求め方にあるのではないかと考えられます．まずモーメントの積分ですが，よほど特殊な桁の問題でない限り，積分の対象になるモーメントは多項式で表されます．つまり，

$$M(x) = \sum_{i=0}^{n} a_i \cdot x^i = a_0 + a_1 x + a_2 x^2 + a_3 x^3 + a_4 x^4 + \cdots a_n x^n \tag{3.5}$$

です．この関数の微分・積分は理工系の学生にとっては，難しいことではないと思われます．

次に未定係数の決定問題があります．ここで使う数学は，たかだか数次の線形連立方程式であり，上記の多項式の積分同様，理工系を目指した学生にとって，難しいことではないと考えられます．

では，なぜ，この種の問題が難しいかと考えますと，物理現象としての桁のたわみ問題を数式として表すことにあると思われます．物理現象を数式で表現できれば，その解法は以下のようにきわめて簡単なプロセスになります．ここでは，桁のたわみの問題を数式で表し，境界条件から解を見出す例を紹介します．

3.1 微分方程式による解法

とりあえず，桁のたわみの問題に関しては，いくつかの例を自分で解いてみることが必要です．基本的な問題の一つを以下に説明します．

(1) 等分布荷重

図3.1をまず説明します．左右対称構造物ですので，反力は，

$$R_A = R_B = \frac{q\ell}{2}$$

したがって，支点Aから x の位置の曲げモーメントは次式になります．

$$M(x) = \frac{q\ell}{2} \cdot x - \frac{q}{2} \cdot x^2 = -\frac{q}{2}(x^2 - \ell x) \tag{3.6}$$

これをたわみの基本式 (3.2) に代入すると，次式が得られます．

$$EI\frac{d^2 v(x)}{dx} = -M(X) = \frac{q}{2} \cdot (x^2 - \ell x) \tag{3.7}$$

一度積分して，

$$EI\frac{dv(x)}{dx} = EI \cdot \theta(x) = EI\frac{dv(x)}{dx} = \frac{q}{2} \cdot \left(\frac{x^3}{3} - \frac{\ell}{2}x^2 + C_1\right) \tag{3.8}$$

もう一度積分して，

$$EI \cdot v(x) = \frac{q}{2} \cdot \left(\frac{x^4}{12} - \frac{\ell}{6} x^3 + C_1 \cdot x + C_2 \right) \tag{3.9}$$

が得られます．ここで，$\theta(x)$ は x の位置のたわみ角を表します．

たわみの式が誘導されました．あとは未定係数 C_1, C_2 を決定するだけです．
未知量が2つありますので，条件式も当然2つあります．

　　条件―1　　図からもわかるように，$x = 0 : v = 0$ が条件として得られます．
　　条件―2　　同様に，$x = \ell : v = 0$ が得られます．

条件―1を式 (3.9) に代入して，$C_2 = 0$ が得られます．次に条件―2を式 (3.9) に代入します．

$$\frac{\ell^4}{12} - \frac{\ell}{6} \cdot \ell^3 + \ell C_1 = 0 \ \Rightarrow \ C_1 = \frac{\ell^3}{12}$$

C_1, C_2 を式 (3.9) に代入することにより，たわみの式が以下のように得られる．

$$v(x) = \frac{q\ell^4}{24EI} \left\{ \left(\frac{x}{\ell}\right)^4 - 2\left(\frac{x}{\ell}\right)^3 + \left(\frac{x}{\ell}\right) \right\} \tag{3.10}$$

たわみの最大値は，前記しているように，たわみ角が0になる点を求めて，それが最大値を与える点となります．それがここでは式 (3.8) に示されているように3次式になり，解析的に解を得られません．ただ，この問題の構造物，荷重は左右対称ですので，たわみの最大値は当然桁の中央（$x = \ell/2$）で得られます．つまり，桁に等分布荷重が載荷する場合の最大たわみ値は，以下のように得られます．

$$v_{\max} = v\left(\frac{\ell}{2}\right) = \frac{q\ell^4}{24EI} \left\{ \frac{1}{16} - 2 \cdot \frac{1}{8} + \frac{1}{2} \right\} = \frac{5q\ell^4}{384EI} \tag{3.11}$$

桁のたわみの公式は，いくつかありますが，この公式もしっかりと記憶に留めておいてください．

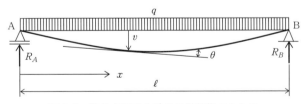

図 3.1 等分布荷重を受ける単純桁のたわみ
（図 2.16 再掲：p. 23）

36   3　桁のたわみの計算

(2)　集中荷重を受ける片持ち梁

図 3.2 のような片持ち梁の問題です．x 座標の始点は，本図のように左（A）からでも右（B）からでもよいです．例えば，左を始点Aに取れば，モーメントは次式のように求められます．

$$M(x) = -Px \tag{3.12}$$

これを微分方程式に代入し，積分すると，

$$EI\frac{d^2v(x)}{dx^2} = Px \tag{3.13}$$

$$EI\frac{dv(x)}{dx} = EI\theta(x) = \frac{P}{2}x^2 + C_1 \tag{3.14}$$

$$EIv(x) = \frac{P}{6}x^3 + C_1 \cdot x + C_2 \tag{3.15}$$

この場合の境界条件は固定端Bでたわみとたわみ角は 0 より

$$x = \ell : v = \frac{dv}{dx}(= \theta) = 0 \tag{3.16}$$

です．まずB点でたわみ角 $(\theta) = 0$ より

$$\frac{P}{2}\ell^2 + C_1 = 0 \text{ より，} C_1 = -\frac{P}{2}\ell^2 \text{ が得られます．}$$

この結果とB点でたわみ $(v) = 0$ より

$$\frac{P}{6} \cdot \ell^3 - \frac{P}{2}\ell^3 + C_2 = 0 \tag{3.17}$$

よって，$C_1 = -\frac{P}{2}\ell^2,\ C_2 = \frac{P}{3}\ell^3$ \hfill(3.18)

が得られます．式 (3.15) に代入すると，たわみ式が次のように得られる．

$$v(x) = \frac{P}{EI}\left(\frac{1}{6} \cdot x^3 - \frac{\ell^2}{2} \cdot x + \frac{\ell^3}{3}\right) = \frac{P\ell^3}{6EI}\left\{\left(\frac{x}{\ell}\right)^3 - 3\left(\frac{x}{\ell}\right) + 2\right\} \tag{3.19}$$

最大たわみは，荷重載荷点（A）のたわみになりますから，$x = 0$ を代入して，

$$v_{\max} = v(0) = \frac{P\ell^3}{3EI},\ \theta_{\max} = \theta(0) = -\frac{P\ell^2}{2EI} \tag{3.20}$$

式 (3.20) の片持ち梁の最大たわみおよびたわみ角も，重要な公式として記憶しておいてください．

なお，右図には，x 座標を右からとった場合の計算過程を示しています．反力の計算をする必要はありますが，境界条件に対する計算は簡単に済みます．どちらを取るかはその場合によります．

(3)　単純桁に集中荷重が載荷（連続の条件）

図 3.3 に示すような，桁の中間に集中荷重が載荷する場合のたわみを求める問題です．この場合，集中荷重が作用する位置の前後でモーメント式が変わりますので，たわみ式も 2 つ（集中荷重が 1 つの場合）出てきます．したがって，これまでの境界条件の他に，

桁の連続の条件を考慮しなければなりません．一つのモーメント式に対して一つの微分方程式が必要なので，結局未定係数の数は4となります．未定係数を決めるための条件も，境界条件は支点の状態により2つ出てきます．あと2つなければ問題は解けません．それは，2つの微分方程式から導き出される両者の連結部（C点）で，たわみ曲線は連続でなければならないという「連続の条件」から得られます．

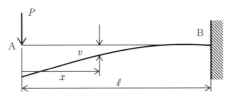

図 3.2 集中荷重を受ける片持ち梁のたわみ

⟨x を逆からとった場合⟩

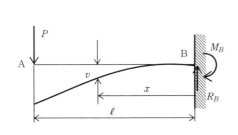

$$M(x) = P(x - \ell)$$
$$EI\frac{d^2v(x)}{dx^2} = P(\ell - x)$$
$$EI\frac{dv}{dx} = P\left(\ell \cdot x - \frac{x^2}{2} + C_1\right)$$
$$EI \cdot v(x) = P\left(\frac{\ell}{2} \cdot x^2 - \frac{x^3}{6} + C_1 x + C_2\right)$$

境界条件
boundary： $x = 0 \quad v = \theta = 0$
$\therefore C_1 = C_2 = 0$
$\therefore v(x) = \frac{P}{EI}\left(\frac{\ell}{2} \cdot x^2 - \frac{x^3}{6}\right)$
$v_{\max} = v(\ell) = \frac{P\ell^3}{3EI}$

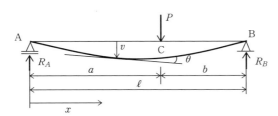

図 3.3 集中荷重を受ける単純桁のたわみ

38　3　桁のたわみの計算

　以下，左右それぞれの解析の進行を説明します．まず，反力の値を求めます．

　B点に関するモーメントの釣合いより，$R_A = Pb/\ell$ が得られ，$R_B = Pa/\ell$ となります．

　左右の x 座標ですが，図 3.4 に示すように，左側（x_1）は，これまでの取り方と同様にA点から右向きを正とします．一方右側は，x_1 を左から継続して用いることもできます．しかし，モーメントの表現を簡単にするために，荷重載荷位置より右の領域についてはB点から左向きを x_2 の正の方向とします．この結果，途中のプロセスは簡単になりますが，連続の条件を用いる時，たわみ角の連続性について座標の向きによる符号の問題が生じます．要するに，座標の向きを反対にとった場合は，同じ点のたわみ角であっても，片方のたわみ角「正」は片方のたわみ角「負」になるということになります．ここでは，それぞれ両側から x 座標を取ることにします．

i）$0 \leqq x_1 \leqq a$

$$M_1(x_1) = \frac{bP}{\ell} \cdot x_1$$

$$EI\frac{d^2v_1(x_1)}{dx_1{}^2} = -M_1(x_1) = -\frac{bP}{\ell} \cdot x_1$$

$$EI\frac{dv_1(x_1)}{dx_1} = EI\theta(x)$$

$$= -\frac{bP}{2\ell} \cdot x_1{}^2 + C_1$$

$$EIv_1(x_1) = -\frac{bP}{6\ell} \cdot x_1{}^3 + C_1 x_1 + C_2$$

$$\tag{3.21}$$

ii）$0 \leqq x_2 \leqq b$

$$M_2(x_2) = \frac{aP}{\ell} \cdot x_2$$

$$EI\frac{d^2v_2(x_2)}{dx_2{}^2} = -M_2(x_2) = -\frac{aP}{\ell} \cdot x_2$$

$$EI\frac{dv_2(x_2)}{dx_2} = EI\theta(x)$$

$$= -\frac{aP}{2\ell} \cdot x_2{}^2 + D_1$$

$$EIv_2(x_2) = -\frac{aP}{6\ell} \cdot x_2{}^3 + D_1 x_2 + D_2$$

$$\tag{3.22}$$

　2回の積分が，2つの領域で行われました．4つの未定係数 C_1，C_2，D_1，および D_2 の値が必要です．以下にまず境界条件を使い，次に連続の条件を使って，未定係数の計算を行います．

　まず，$x_1 = 0：v_1 = 0$ より，$C_2 = 0$ が得られます．また，$x_2 = 0：v_2 = 0$ より，同様に $D_2 = 0$ が得られます．残りは，C_1，D_1 の決定です．これには，C点（$x_1 = a$，$x_2 = b$）での連続の条件を用います．

　$x_1 = a：v_1 = v_2$ および $\theta_1 = -\theta_2{}^*$（右に説明があります）より

$$-\frac{bP}{6\ell}a^3 + C_1 \cdot a = -\frac{aP}{6\ell}b^3 + D_1 \cdot b$$

$$-\frac{bP}{2\ell} \cdot a^2 + C_1 = -\left(-\frac{aP}{2\ell} \cdot b^2 + D_1\right)$$

これを解くことにより，C_1，C_2 が得られます．

$$C_1 = \frac{abP}{6\ell}(a + 2b), \quad D_1 = \frac{abP}{6\ell}(2a + b) \tag{3.23}$$

これをたわみの式（3.21），（3.22）に代入して，以下のたわみの式が得られます．

$$v_1(x_1) = -\frac{bP}{6\ell EI}\left\{x_1{}^3 - a(a+2b)\cdot x_1\right\} \tag{3.24}$$

$$v_2(x_2) = -\frac{aP}{6\ell EI}\left\{x_2{}^3 - b(2a+b)\cdot x_2\right\} \tag{3.25}$$

この問題では，荷重が中央に載荷された場合，荷重載荷点のたわみが最大となります．$a = b$ として中央のたわみを計算しますと，

$$v_{\max} = v\left(\frac{\ell}{2}\right) = -\frac{\ell/2 \cdot P}{6\ell EI}\left\{\left(\frac{\ell}{2}\right)^3 - \frac{\ell}{2}\left(\frac{\ell}{2} + 2\frac{\ell}{2}\right)\cdot\frac{\ell}{2}\right\} = \frac{P\ell^3}{48EI} \tag{3.26}$$

これも重要な公式ですので，記憶に留めてください．

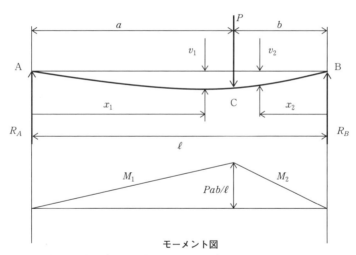

図3.4 集中荷重を受ける単純桁のたわみ（両側から x 座標を取る場合）

> ＊：θ_1 に対する $x_1 = a$ のたわみ角の正の符号と，θ_2 に対する $x_2 = b$ のたわみ角の正の符号は異なりますので，
> $$\theta_1 = -\theta_2$$
> という条件になります．

40 3 桁のたわみの計算

3.2 弾性荷重法

梁における曲げモーメント M，せん断力 Q と分布荷重 q の関係を式 (3.27)，式 (3.29)，式 (3.30) に示しました．一方，すでに説明されていますが，梁のたわみと曲げモーメントの関係は，式 (3.28)，式 (3.31)，式 (3.32) に説明されています．

曲げモーメントの式は，次式で得られます．

$$\frac{d^2M(x)}{dx^2} = \frac{dQ(x)}{dx} = -q(x) \quad (3.27)$$

これを 2 回積分すると，

$$M(x) = -\iint q(x)dxdx + C_1x + C_2 \quad (3.29)$$

$$Q(x) = -\int q(x)dx + C_1 \quad (3.30)$$

〈曲げモーメントの微分方程式〉

弾性曲線の式は，次式で得られます．

$$\frac{d^2v(x)}{dx^2} = \frac{d\theta(x)}{dx} = -\frac{M(x)}{EI} \quad (3.28)$$

これを 2 回積分すると，

$$v(x) = -\iint \frac{M(x)}{EI}dxdx + D_1x + D_2 \quad (3.31)$$

$$\theta(x) = -\int \frac{M(x)}{EI}dx + D_1 \quad (3.32)$$

〈たわみの微分方程式〉

この後は，どちらもそれぞれの境界条件を用いて未定係数を決め，式を完成させることができます．

以上のように，たわみ $v(x)$ を解く式 (3.28) は，$M(x)/EI$ を $q(x)$ に置替えれば，式 (3.27) と同形であり，変位「$v(x)$」を求める手続きは，以前に勉強した断面力を求める手続きと同じになります．この時，各パラメータ間に次の対応関係が成立します．

$$\left.\begin{array}{l} v(x) \Leftrightarrow M(x) \\ \theta(x) \Leftrightarrow Q(x) \\ q(x) \Leftrightarrow \dfrac{M(x)}{EI} \end{array}\right\} \quad (3.33)$$

変形の計算を，断面力の計算に置換える場合，対象とする桁は「共役梁（conjugate beam）」といいます．元の梁（原問題）と共役梁の境界条件の関係は，表 3.1 のようになります．

弾性荷重法の例題として，以下の 2 例を説明します．

(1) 単純桁の例（図 3.5）

これは，図 3.5 に示す単純桁の例で荷重載荷点 C のたわみを求める問題です．

図は，上から原問題，曲げモーメント図，および共役梁が示されています．集中荷重ですので，曲げモーメント図を AC 間と CB 間に分けて弾性荷重等を計算します．

共役梁の左右の共役荷重面積と共役梁の支点 A′，B′ の反力を計算すると以下のようになります．ここで，S_1 は共役梁の A′C′ 間，S_2 は B′C′ 間に作用する三角形分布荷重の面積と表わします．

・AC 間の荷重面積
$$S_1 = \frac{a}{2} \times \frac{Pab}{\ell EI} = \frac{Pa^2b}{2\ell EI}, \quad S_2 = \frac{b}{2} \times \frac{Pab}{\ell EI} = \frac{Pab^2}{2\ell EI}$$

・共役梁の A' の反力は，以下のように計算できます．
$$\begin{aligned}
R_{A'} &= \frac{a+3b}{3\ell} \cdot \frac{Pa^2b}{2\ell EI} + \frac{2b}{3\ell} \cdot \frac{Pab^2}{2\ell EI} \\
&= \frac{Pa^2b(a+3b)}{6\ell^2 EI} + \frac{2Pab^3}{6\ell^2 EI} \\
&= \frac{Pab}{6\ell^2 EI} \cdot (a^2 + 3ab + 2b^2) = \frac{Pab}{6\ell EI}(a+2b)
\end{aligned}$$

表 3.1 原問題の梁と共役梁の境界条件の関係

境界(連続)条件		固定端	自由端	ヒンジ端	中間支点	中間ヒンジ
元の梁	条件	$\theta=0, v=0$	$\theta\neq 0, v\neq 0$	$\theta\neq 0, v=0$	$\theta_1=\theta_2, v=0$	$\theta_1\neq\theta_2, v_1=v_2$
	図					
共役梁	図					

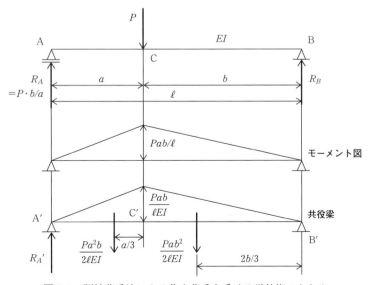

図 3.5 弾性荷重法による集中荷重を受ける単純桁のたわみ

・今，求められているのは，点Cのたわみですが，それは，共役梁の点 C′ のモーメントが対応します（図3.5：前ページ）．それは，桁の曲げモーメントと同じ要領で求めることができます．

$$\delta_C = M_{C'} = R_{A'} \times a - S_1 \times \frac{a}{3}$$

$$= \frac{Pab}{6\ell^2 EI} \cdot (a^2 + 3ab + 2b^2) \times a - \frac{Pa^2 b}{2\ell EI} \times \frac{a}{3} = \frac{Pa^2 b^2}{3\ell EI}$$

・もし $a = b$ であれば，最大たわみは，支間の中央ですから，それは，式 (3.26) と同じ次式となります．

$$\delta_{\max} = \frac{P\ell^3}{48EI} \tag{3.34}$$

(2) **張出梁の例**（図3.6）

　これは点Bのたわみを求める問題です．原問題の曲げモーメントが図3.6に示されています．

　原問題の境界条件は，共役梁では2箇所変換されます．まず，支点Cは中間支点に該当するので中間ヒンジに変換されます．また，自由端のBは共役張りでは固定端に変換されます．

　今，原問題で求められているのは，点Bのたわみです．それは，共役梁では B′ 点の曲げモーメントに該当します．共役梁はゲルバー桁になります．ヒンジ部の力の関係を図3.7に示しています．

　図3.7を見ながら，B′ 点のモーメントを求めます．梁は，A′—C′ と C′—B′ に分けられ，両者は点 C′ で結合されます．点 C′ では，せん断力のみ伝達されるので，構造的には，梁 A′—C′ が梁 C′—B′ により C′ 点で支持されていることになります．

　C′ で分割された共役梁と力の関係を図3.7に示しました．

　梁 A′—C′ の C′ の反力 $R_{C'}$ は次式となります．

$$R_{C'} = \frac{Pab}{3EI} \tag{3.35}$$

この反力は，荷重としてそのまま梁 C′—B′ の C′ に作用します．

　結局，原問題の点Bのたわみ（δ_B）は，共役梁の B′ のモーメントと対応し，次式により求めることができます．

$$\delta_B = M_{B'} = -\left(\frac{Pab}{3EI} \cdot b + \frac{Pb^2}{2EI} \cdot \frac{2b}{3} \right) = -\frac{Pb^2(a+b)}{3EI} \tag{3.36}$$

桁のたわみを求める方法は，この章で説明した微分方程式による方法，弾性荷重法，およびエネルギーを用いる等，より汎用的な方法などがありますが，どれもよく理解し，それぞれの問題に向いた方法を選べるようにしておくのが必要です．

　もう一つたわみを求めるのに，条件によってはより簡単化できる理論があります．マッコーレー法といいますが，以下にその方法を説明します．

3.2 弾性荷重法　43

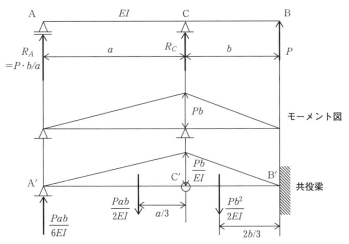

図 3.6　弾性荷重法による張出張りのたわみ

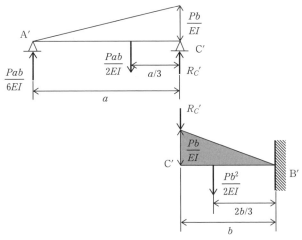

図 3.7　左右に分けて，力の伝達を説明する図

44　　3　桁のたわみの計算

3.3　マッコーレー法[3), 4)]

2.1(3)で単純桁の解析について説明しました．集中荷重が載荷されるたわみの計算のように，集中荷重の作用点，あるいは分布荷重の始終点のようにモーメントの式が変わる時，桁の連続のための条件が必要となり，未定係数の数も増えます．実質的にはモーメント式の数が2（未定係数：4）あるいはモーメント式の数が3（未定係数：6）の問題が手計算で解析できる限界ではないかと考えられます．図3.8を解析する場合に必要な条件が図3.9a に説明されています．境界条件2，連続の条件4の合計6となり，6元連立1次方程式を解くことが要求されます．さらに集中荷重が P_1, P_2 の2つ載荷された場合の関係を図に表したのが，図3.9b です．図から予想されるように，集中荷重，あるいは分布荷重が増えるほど解くべき連立1次方程式の数が増えることになり，上記のように手計算で解けるのは高々集中荷重の数が2あるいは3程度ではないかと考えられます．

このような場合に，モーメント式の数に関係なく，境界条件に関係する2つの条件のみでたわみの計算ができる方法があります．

この手法の名前は，Macaulay bracket（以下 MB と略する）といわれます．

これを用いることにより，モーメント式を1つにし，連続の条件が必要なくなります．その結果荷重の数に関係なく，境界条件の数が2のみを必要とする問題に縮小できます．

MB は以下のように定義されます．

$$\langle x-a \rangle^n = \begin{cases} (x-a)^n & x \geq a \\ 0 & x < a \end{cases} \tag{3.37}$$

この式を用いると，前出のたわみの計算の問題は，以下のようにして解を得ることができます．

例えば，図3.8のモーメント式を表すと以下のようになります．

事例 1　集中荷重　　（図 3.8）
・モーメントの表現：従来の方法で解こうとすると，以下の2式を用います．

$$\begin{aligned} \text{i)} \;\; 0 \leq x \leq a \;\; &: \;\; M(x) = R_A \cdot x \\ \text{ii)} \;\; a \leq x \leq \ell \;\; &: \;\; M(x) = R_A \cdot x - P \cdot (x-a) \end{aligned} \tag{3.38}$$

・MB によるモーメントの表現：この場合は，以下の式でモーメントを表現できます．

$$M(x) = R_A \cdot x - P\langle x-a \rangle \tag{3.39}$$

モーメントの式が得られました．後は積分を行い，両端の境界条件からたわみ式を誘導します．

・たわみの計算

$$EI \frac{d^2 v}{dx^2} = -R_A \cdot x + P\langle x-a \rangle$$

$$EI\frac{dv}{dx} = EI\theta = -\frac{R_A}{2}x^2 + \frac{P}{2}\langle x-a\rangle^2 + C_1$$

$$EIv = -\frac{R_A}{6}x^3 + \frac{P}{6}\langle x-a\rangle^3 + C_1 \cdot x + C_2$$

境界条件は，$x = 0$ と $x = \ell : v = 0$

この条件を用いて，C_1, C_2 が以下のように求められます．

$$\therefore C_1 = \frac{ab}{6\ell}(a+2b)P, \quad C_2 = 0$$

これ等の係数を代入して，以下のたわみ式が得られます．

$$v(x) = -\frac{Pb}{6EI\ell}\left\{x^3 - \frac{\ell}{b}\langle x-a\rangle^3 - a(a+2b)x\right\}$$

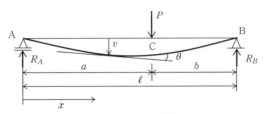

図 3.8　集中荷重を受ける単純桁のたわみ
（図 3.3 再掲：p. 37）

境界条件：
① $x = 0 : v_1 = 0$, ② $x = \ell : v_3 = 0$
連続条件：
③ $x = a_1 : v_1 = v_2$, ④ $x = a_1 : \theta_1 = \theta_2$
⑤ $x = b_1 : v_2 = v_3$, ⑥ $x = b_1 : \theta_2 = \theta_3$
x 座標は区間に関わらず同一方向にとっているので，
たわみ角の符号は変わりません．

図 3.9a　単純桁のたわみの計算に必要な条件

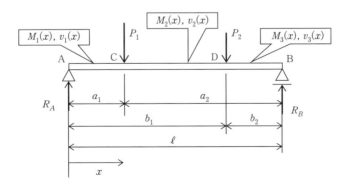

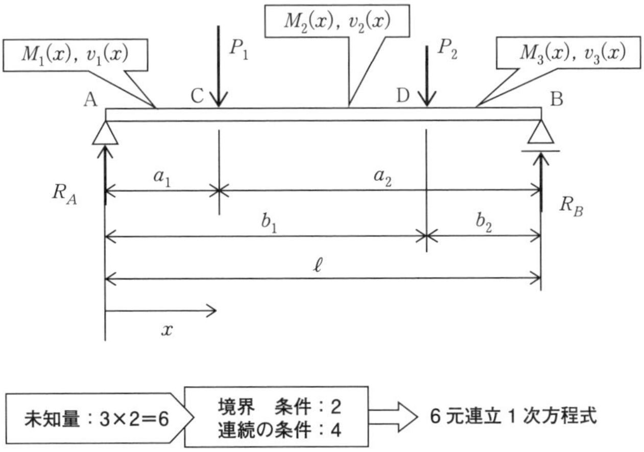

図 3.9b　マッコーレーブラケットの説明

もし，$a = b = \dfrac{\ell}{2}$ の時，最大たわみは

$$v_{\max} = v\left(\frac{\ell}{2}\right) = \frac{P\ell^3}{48EI} \tag{3.40}$$

当然ですが，式 (3.34) と一致します．

　このように，集中荷重前後でモーメント式が変わっても，MB を使うと連続の条件は使わずに境界条件のみで，解析ができることになります．

事例 2　分布荷重　　図 3.10a に示すように部分的に分布荷重が作用している問題です．
　重ね合わせの原理*（右ページに説明しています）を用いて，図 3.10d ＝ 図 3.10b ＋ 図 3.10c のように，荷重系全体を分割して必要な式を求めることができます．
　・反力は，次式のように求まります．

$$R_A = \frac{2\ell - (a + b)}{2\ell} \cdot q(b - a)$$

$$R_B = \frac{a + b}{2\ell} \cdot q(b - a)$$

反力の関係式は，最終段階で代入します．
　・MB を使わない場合，モーメント式およびたわみの式は以下のようにして求まりました．

　　i）$0 \leq x \leq a$ ：　$M(x) = R_A \cdot x$

　　ii）$a \leq x \leq b$ ：　$M(x) = R_A \cdot x - \dfrac{q}{2}(x - a)^2$

　　　　　　　　　　　分布荷重を D − B に載荷

　　iii）$b \leq x \leq \ell$ ：　$M(x) = R_A \cdot x - \dfrac{q}{2}(x - a)^2 + \dfrac{q}{2}(x - b)^2$

　　　　　　　　　　　D − B の分布荷重を除荷

　以上のモーメントの式は，MB を用いると以下のように一つの式にまとめて表現できます．

$$M(x) = R_A \cdot x - \frac{q}{2}\langle x - a\rangle^2 + \frac{q}{2}\langle x - b\rangle^2$$

この式において，右辺第 2 項が図 3.10b に，第 3 項が図 3.10c に対応します．境界条件は，桁の両端のたわみが 0，という条件のみで求まります．
　たわみの計算式は，以下の手順で求めることができます．

$$EI\frac{d^2v}{dx^2} = -R_A \cdot x + \frac{q}{2}\langle x - a\rangle^2 - \frac{q}{2}\langle x - b\rangle^2$$

$$EI\frac{dv}{dx} = EI\theta = -\frac{R_A}{2} \cdot x^2 + \frac{q}{6}\langle x - a\rangle^3 - \frac{q}{6}\langle x - b\rangle^3 + C_1$$

$$EI \cdot v = -\frac{R_A}{6} \cdot x^3 + \frac{q}{24}\langle x-a \rangle^4 - \frac{q}{24}\langle x-b \rangle^4 + C_1 \cdot x + C_2$$

$x=0$ と $x=\ell$ でたわみは 0 ですので,未定係数 C_1, C_2 は以下のように求まります.

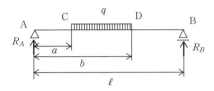

図 3.10a 中間に分布荷重が作用する原問題

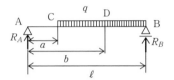

図 3.10b 荷重を後ろにつけて MD で表現できる荷重配置にする

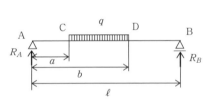

図 3.10d 中間だけの分布荷重（原問題）

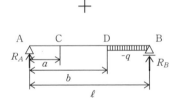

図 3.10c 負の荷重を設定して,原問題に戻す

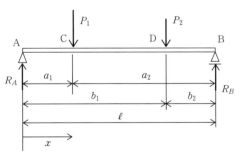

図 3.11 2 つの集中荷重を受ける桁の問題

* **重ね合わせの原理**：1 つの線形系のシステムにおいて,2 つ以上の入力（A_i, $i=1 \sim n$）が同時に作用したとき,システムの応答が,それぞれの入力が別々に作用された時の応答（B_i, $i=1 \sim n$）の総和に等しいという原理.

$$C_1 = \frac{R_A}{6} \cdot \ell^2 - \frac{q}{24 \cdot \ell} \cdot (\ell - a)^4 + \frac{q}{24 \cdot \ell} \cdot (\ell - b)^4$$

$$= \frac{q}{24\ell} \{2\ell^2 (2\ell - (a+b))(b-a) - (\ell-a)^4 + (\ell-b)^4\}, \quad C_2 = 0$$

原問題は，未定係数が8ある問題ですが，MBを用いることにより2元連立方程式になり，手計算で解くことができます．次の問題も，未定係数が8ある問題の例です．

事例3 複数の集中荷重　　この問題（図3.11）は，2つの集中荷重を載荷した問題で，未定係数は以下のような手順で求めることができます．

・反力の計算は以下のように求めることができます．

$$R_A = P_1 \times \frac{a_2}{\ell} + P_2 \times \frac{b_2}{\ell}, \quad R_B = P_1 \times \frac{a_1}{\ell} + P_2 \times \frac{b_1}{\ell}$$

・モーメントは以下のように求まります．

$\quad$ i) $0 \leq x \leq a_1$ $\quad:\quad M(x) = R_A \cdot x$

$\quad$ ii) $a_1 \leq x \leq b_1$ $\quad:\quad M(x) = R_A \cdot x - P_1(x - a_1)$

$\quad$ iii) $b_1 \leq x \leq b_2$ $\quad:\quad M(x) = R_A \cdot x - P_1(x - a_1) - P_2(x - b_1)$

・これらは，MBを用いることにより以下のように1つの式にまとめて表現できます．

$$M(x) = R_A \cdot x - P_1 \langle x - a_1 \rangle - P_2 \langle x - b_1 \rangle$$

たわみは，以下のようにして求めることができます．

$$EI \frac{d^2 v}{dx^2} = -R_A \cdot x + P_1 \langle x - a_1 \rangle + P_2 \langle x - b_1 \rangle$$

$$EI \frac{dv}{dx} = -\frac{R_A}{2} \cdot x^2 + \frac{P_1}{2} \langle x - a_1 \rangle^2 + \frac{P_2}{2} \langle x - b_1 \rangle^2 + C$$

$$EI \cdot v = -\frac{R_A}{6} \cdot x^3 + \frac{P_1}{6} \langle x - a_1 \rangle^3 + \frac{P_2}{6} \langle x - b_1 \rangle^3 + C_1 \cdot x + C_2$$

桁の両端の境界条件より，未定係数 C_1, C_2 は以下のように求まります．

両端の境界条件は，$x = 0$, $\ell : v = 0$ で，$v = 0$ で単純桁の条件と同じです．その結果，未定係数は，次ページのように求まり，たわみの式が完成します．

$$C_1 = \frac{1}{6\ell} \cdot \{R_A \cdot \ell^3 - P_1 (\ell - a_1)^3 - P_2 (\ell - b_1)^3\}, \quad C_2 = 0$$

以上のように，MBは，荷重が多数載荷されても，1つの数式で表現できる限り，桁2箇所（例えば，両端）の支持条件を用いて，簡単な2元連立1次方程式の解を求める問題に縮小できます．

ただ，実務上の課題は，断面が等断面でなければ適用できない点にあります．しかし逆に考えると，等断面である限り，かなり広範囲の桁の変形の問題に適用できることになり，手計算でたわみが解けることになります．

〈豆知識 ①〉

桁のたわみと位置エネルギー（静的たわみと動的たわみ）

右図のように，長さ a の片持ち梁の上方 h に荷重 W の剛体があります．

この時の剛体の位置エネルギーは，

$$U_i = -Wh \tag{1}$$

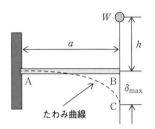

梁のB点に落下して，C点で最大たわみ δ_{max} が生じたときの剛体の位置エネルギーは次式で表されます．

$$U_f = W \cdot \delta_{max} \tag{2}$$

結局梁のたわみに消費された仕事は

$$\Delta U = U_i + U_f = Wh + W \cdot \delta_{max} \tag{3}$$

となり，片持ち梁のたわみの公式から，

$$\delta_{max} = \frac{P_{max} \cdot a^3}{3EI} \tag{4}$$

ですので，梁のたわみに要する弾性エネルギーは，

$$\Delta U = \frac{P_{max} \cdot \delta_{max}}{2} = \frac{P_{max}^2 \cdot a^3}{6EI} \tag{5}$$

であるから，

$$\frac{P_{max}^2 \cdot a^3}{6EI} = Wh + W \cdot \frac{P_{max} \cdot a^3}{3EI} \tag{6}$$

あるいは，

$$P_{max}^2 - 2WP_{max} - \frac{6EIWh}{a^3} = 0 \tag{7}$$

これを解くと，

$$P_{max} = W\left(1 \pm \sqrt{1 + \frac{6EIh}{Wa^3}}\right) \tag{8}$$

が衝撃荷重として得られます．この時のC点の最大たわみは，式 (8) を式 (4) に代入して

$$\delta_{max} = \frac{P_{max} \cdot a^3}{3EI} = \frac{Wa^3}{3EI}\left(1 + \sqrt{1 + \frac{6EIh}{Wa^3}}\right) = \delta_0\left(1 + \sqrt{1 + \frac{6EIh}{Wa^3}}\right) \tag{9}$$

δ_0 は，静的な荷重 W が付加された時のC点のたわみです．

式 (9) からわかるように，$h = 0$ つまり桁の先端に荷重 W を置き，急に手を離したときのたわみは，静的変位：δ_0 の倍になります．

ここで，静的な荷重とは，荷重位置を手で支えていて，きわめてゆっくり載荷される荷重を意味します．

4 不静定構造（格子桁の解析と設計）

　本節では，不静定構造物の解析と設計を格子桁を例にとり説明します.

　対象は，図4.1に示す桁A―Bと桁C―Dが，それぞれの桁の中央であるE点で交叉している格子桁の問題[5]です．2本の桁は，E点で剛結しているわけではなく，図4.2aに示しているように，曲げモーメント，ねじりモーメントは伝達せず，せん断力だけを伝達する構造です[5].

　結局1次不静定構造物となります．解析にかかわるのは，各桁の断面2次モーメント I_1, I_2 および応力計算に必要な断面係数 W_1, W_2 です．一方，工学的価値基準を構造物全体の重量と考える場合，重量の計算には「部材断面積」が必要です．その結果，構造解析および応力計算に必要な各部材の「断面2次モーメント」と「断面係数」は，「部材断面積」と関係づけられる必要があります.

　ここではまず，不静定構造物の解析について説明し，次に照査，設計について説明します.

4.1　解析

　静定構造物であれば，力のつり合いを示す平衡条件（equilibrium condition）のみで断面力の計算はできますが，不静定構造物では，平衡条件のみでは解くことができず，変位，変形の値を用いる適合条件（compatibility condition）が必要になります.

　基本的には，不静定次数に応じる数だけ部材間の連結を切るなどをして，力を一時開放して静定構造物にし，その後構造物が元の形状になるために必要な部材力あるいは反力を計算して切断部を閉じるという方法になります．ただし，問題個々に応じた方法があり，一般論としては説明が難しいです．ここでは，1つの例として，不静定構造物の解法をまず理解してください.

⑴　不静定力

　前記のように，対象とする構造物は，桁A―Bと桁C―Dがそれぞれの桁の中央Eで連結されている1次不静定格子桁となります．点Eでは上記のようにせん断力しか伝達しません．点Eの構造の概念は簡単に図にすると図4.2aになります．桁A―Bと桁C

―Dは点Eにある仮想の球体により連結されています．

この格子桁は，点Eに集中荷重Pのみが作用しています．解析のポイントは，集中荷重Pの2本の桁への分配荷重の計算にあります．そこで，図4.2bに示すように仮の球体を外し，代わりに球体が伝えていたせん断力を不静定力Xに置き換えます．結局，桁A―Bは，中央Eに下向きの荷重Pと上向きの荷重Xを受ける曲げ剛性EI_1の桁，桁C―Dは中央Eに下向きの荷重Xを受ける曲げ剛性EI_2の桁となります．

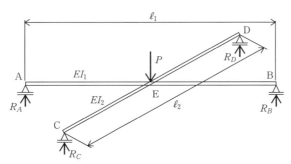

図4.1 中央で交差する1次不静定格子桁

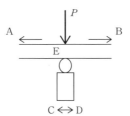

図4.2a 交差部の構造

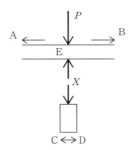

図4.2b 交差部に不静定力Xを導入

⑵ 適合条件による不静定力の計算

それぞれの桁は単純桁ですから，点Eの変位は容易に求められます．それぞれの垂直変位を δ_1, δ_2 としますと，両者は一致しているはずですから，次の条件（適合条件）が得られます．それは，

$$\delta_1 = \delta_2 \tag{4.1}$$

です．δ_1, δ_2, および不静定力の計算結果は以下のようになります．

各桁の中央部のたわみは，式 (3.26) より，それぞれ，次のように求まります．

$$\delta_1 = \frac{(P-X)\cdot \ell_1{}^3}{48EI_1}, \quad \delta_2 = \frac{X\cdot \ell_2{}^3}{48EI_2}$$

適合条件：$\delta_1 = \delta_2$ より

$$\frac{(P-X)\cdot \ell_1{}^3}{48EI_1} = \frac{X\cdot \ell_2{}^3}{48EI_2}$$

これを解いて，図 4.2b に示す不静定力 X は次のように得られます．

$$X = \frac{\ell_1{}^3/I_1}{\ell_1{}^3/I_1 + \ell_2{}^3/I_2}\cdot P \tag{4.2}$$

⑶ 反力，断面力の計算

不静定力が得られると，各桁の反力 $R_A = R_B$, $R_C = R_D$ は，以下のように求まります．

$$R_A = R_B = \frac{1}{2}(P-X) = \frac{1}{2}\cdot\left(P - \frac{\ell_1{}^3/I_1}{\ell_1{}^3/I_1 + \ell_2{}^3/I_2}\cdot P\right)$$

$$= \frac{P}{2}\cdot\frac{\ell_1{}^3/I_1 + \ell_2{}^3/I_2 - \ell_1{}^3/I_1}{\ell_1{}^3/I_1 + \ell_2{}^3/I_2} = \frac{P}{2}\cdot\frac{\ell_2{}^3/I_2}{\ell_1{}^3/I_1 + \ell_2{}^3/I_2}$$

$$R_C = R_D = \frac{1}{2}\cdot X = \frac{P}{2}\cdot\frac{\ell_1{}^3/I_1}{\ell_1{}^3/I_1 + \ell_2{}^3/I_2}$$

A—B桁，C—D桁はそれぞれ最大モーメントに対して設計されます．両桁とも，単純桁の中央に集中が作用していることになりますので，それぞれの最大モーメントは以下のようになります．

$$\cdot\, AB : M_1 = R_A \times \frac{\ell_1}{2} = \frac{P\ell_1}{4}\cdot\frac{\ell_2{}^3/I_2}{\ell_1{}^3/I_1 + \ell_2{}^3/I_2} \tag{4.3a}$$

$$\cdot\, CD : M_2 = R_C \times \frac{\ell_2}{2} = \frac{P\ell_2}{4}\cdot\frac{\ell_1{}^3/I_1}{\ell_1{}^3/I_1 + \ell_2{}^3/I_2} \tag{4.3b}$$

モーメント図を図 4.3a, 4.3b に示しました．両桁とも支間中央に最大モーメントが表れています．つまり，両桁とも支間中央の曲げモーメントが設計を支配するということになります．

上記の式 (4.3a)，式 (4.3b) が得られれば，応力の制約条件式に代入して設計の適性が照査されます．

この格子桁の例題は，構造力学教育の初期の段階で使われる不静定構造の代表的な問

題です．「解析」の目的はほぼ達成されました．あとは，与えられた荷重，許容応力度，部材長のもとで，桁の最大曲げモーメントを計算することができます．その時，問題をできるだけ簡略にするために，$I_1 = I_2$ と設定されることがあります．そのため式 (4.4a)，式 (4.4b) に示すように，断面力の式から断面2次モーメントが消えることになります．つまり，不静定桁の断面力は，式 (4.4a)，式 (4.4b) に示されるように本来 I_1，I_2 の値により異なるものであるにもかかわらず，断面2次モーメントに依存しない，つまり断面寸法は断面力に影響しないと誤解される可能性があります．

・AB：$M_1 = R_A \times \dfrac{\ell_1}{2} = \dfrac{P\ell_1}{4} \cdot \dfrac{\ell_2{}^3}{\ell_1{}^3 + \ell_2{}^3}$ (4.4a)

・CD：$M_2 = R_C \times \dfrac{\ell_2}{2} = \dfrac{P\ell_2}{4} \cdot \dfrac{\ell_1{}^3}{\ell_1{}^3 + \ell_2{}^3}$ (4.4b)

式 (4.4a)，式 (4.4b) が得られれば設計はできる，という議論もあり得ますが，結果の式に断面2次モーメントが消えていますので，格子桁の設計モーメントには，断面寸法は関係するということを確認することが必要と考えられます．また，断面寸法を決める時に，断面寸法は断面2次モーメントに関係し，断面2次モーメントは解析に影響します．工学的価値基準を適切に設定しないと必要な断面寸法が得られないという可能性もあります．

以下に，断面寸法決定のプロセスの1例を説明します．

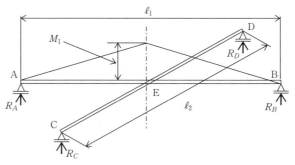

図 4.3a 桁 A—B の曲げモーメント図

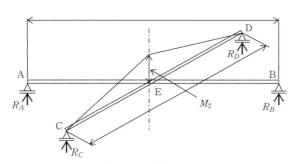

図 4.3b 桁 C—D の曲げモーメント図

54 4 不静定構造（格子桁の解析と設計）

4.2 照査

式 (4.3)，式 (4.4) より，各桁の設計最大モーメントが得られたので，これに対して要求されている応力度の照査を試みます．応力度以外にたわみ等の要件もありえますが，ここでは考慮しません．

照査の前に，必要な数値条件を設定します．部材長 ℓ_1, ℓ_2 は，$\ell_1 = 10\,\mathrm{m}$，$\ell_2 = 8\,\mathrm{m}$，許容応力度は，$\sigma_a = \pm 140\,\mathrm{N/mm^2}$，荷重 $P = 50\,\mathrm{kN}$ とします．

前記したように，不静定力の計算，あるいは応力度の計算には，部材の断面 2 次モーメント，および断面係数が必要であり，工学的価値基準のためには部材断面積が必要です．結局，ここでは部材の断面 2 次モーメント，断面係数と断面積の関係を，図 4.4 の上下左右対称の H 形鋼を想定し，JIS G 3192（表 4.1）を参考にして，下記の近似関数を解析，照査，設計に用います．

$$I_i = 1.113 \cdot A_i{}^2 \,(\mathrm{mm^4}), \quad W_i = 0.900 \cdot A_i{}^{1.5} \,(\mathrm{mm^3}) \tag{4.5}$$

この式については，p. 57 を参考にしてください．

AB 桁，CD 桁とも，式 (4.3)，(4.4) で最大モーメントは得られているので，最大応力は以下のように得られます．

$$\sigma_1 = \frac{M_1}{W_1} = \frac{P\ell_1}{4W_1} \cdot \frac{\ell_2{}^3/I_2}{\ell_1{}^3/I_1 + \ell_2{}^3/I_2} \tag{4.6a}$$

$$\sigma_2 = \frac{M_2}{W_2} = \frac{P\ell_2}{4W_2} \cdot \frac{\ell_1{}^3/I_1}{\ell_1{}^3/I_1 + \ell_2{}^3/I_2} \tag{4.6b}$$

式 (4.5) より，

$$\frac{I_2}{I_1} = \frac{1.113 \cdot A_2{}^2}{1.113 \cdot A_1{}^2} = \left(\frac{A_2}{A_1}\right)^2 \tag{4.7}$$

が得られますので，これを式 (4.6a)，式 (4.6b) に代入することにより，桁の最大応力度と部材断面積の関係が下式のように得られます．

$$\sigma_1 = \frac{P\ell_1}{3.6A_1{}^{1.5}} \cdot \frac{1}{1 + \left(\dfrac{A_2}{A_1}\right)^2 \cdot \left(\dfrac{\ell_1}{\ell_2}\right)^3} \tag{4.8a}$$

$$\sigma_2 = \frac{P\ell_2}{3.6A_2{}^{1.5}} \cdot \frac{1}{1 + \left(\dfrac{A_1}{A_2}\right)^2 \cdot \left(\dfrac{\ell_2}{\ell_1}\right)^3} \tag{4.8b}$$

式 (4.8a) において，$\dfrac{P\ell_1}{3.6A_1{}^{1.5}}$ が下記の式 (4.9a) で $\dfrac{138900}{A_1{}^{1.5}}$ になっているのは，単位の整合のためです．P：kN，ℓ：m，A_1：cm² の単位で入力する場合に，出力がN/mm² になるための操作で，以下のような計算によります．

$$\frac{P\ell_1}{3.6A_1{}^{1.5}} = \frac{(P \times 10^3) \times (\ell_1 \times 10^3)}{3.6 \times (A_1 \times 10^2)^{1.5}} = \frac{P\ell_1 \times 10^6}{3.6 \times (A_1 \times 10^2)^{1.5}}$$

$$= \frac{10^3 \cdot 10^3}{3.6 \cdot 10^3} \cdot \frac{P\ell_1}{A_1{}^{1.5}} = 277.8 \times \frac{P\ell_1}{A_1{}^{1.5}}$$

4.2 照査　55

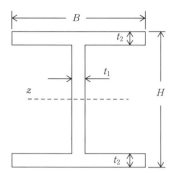

図 4.4　格子桁の設計において対象とした断面

表 4.1　JIS G 3192 の H 形鋼

H形鋼（JIS G 3192）

呼称寸法 (高さ×辺)	標準断面寸法 mm H×B	t_1	t_2	r	断面積 cm²	単位質量 kg/m	断面二次モーメント cm⁴ I_x	I_y	断面二次半径 cm i_x	i_y	断面係数 cm³ Z_x	Z_y	塗装面積 m²/kg	最新の入手難易度	使用頻度
100x50	100x50	5	7	8	11.85	9.30	187	14.8	3.98	1.12	37.5	5.91	0.0405	○	
100x100	100x100	6	8	8	21.59	16.9	378	134	4.18	2.49	75.6	26.7	0.0339	○	
125x60	125x60	6	8	8	16.69	13.1	409	29.1	4.95	1.32	65.5	9.71	0.0354	○	
125x125	125x125	6.5	9	8	30.00	23.6	839	293	5.29	3.13	134	46.9	0.0307	○	
150x75	150x75	5	7	8	17.85	14.0	666	49.5	6.11	1.66	88.8	13.2	0.0411	○	
150x100	148x100	6	9	8	26.35	20.7	1000	150	6.17	2.39	135	30.1	0.0324	○	
150x150	150x150	7	10	8	39.65	31.1	1620	563	6.4	3.77	216	75.1	0.028	○	
175x90	175x90	5	8	8	22.90	18.0	1210	97.5	7.26	2.06	138	21.7	0.0382	○	
175x175	175x175	7.5	11	13	51.42	40.4	2900	984	7.5	4.37	331	112	0.0251	○	
200x100	200x100	5.5	8	8	26.67	20.9	1810	134	8.23	2.24	181	26.7	0.037	○	
200x150	194x150	6	9	8	38.11	29.9	2630	507	8.3	3.65	271	67.6	0.0322	○	
200x200	200x200	8	12	13	63.53	49.9	4720	1600	8.62	5.02	472	160	0.0233	○	
250x125	250x125	6	9	8	36.97	29.0	3960	294	10.4	2.82	317	47	0.0336	○	
250x175	244x175	7	11	13	55.49	43.6	6040	984	10.4	4.21	495	112	0.0264	○	
250x250	250x250	9	14	13	91.43	71.8	10700	3650	10.8	6.32	860	292	0.0203	○	
300x150	300x150	6.5	9	13	46.78	36.7	7210	508	12.4	3.29	481	67.7	0.0317	○	
300x200	294x200	8	12	13	71.05	55.8	11100	1600	12.5	4.75	756	160	0.0242	○	
300x300	300x300	10	15	13	118.40	93.0	20200	6750	13.1	7.55	1350	450	0.0189	○	
350x175	350x175	7	11	13	62.91	49.4	13500	984	14.6	3.96	771	112	0.0276	○	
350x250	340x250	9	14	13	99.53	78.1	21200	3650	14.6	6.05	1250	292	0.021	○	
350x350	350x350	12	19	13	171.9	135	39800	13600	15.2	8.89	2280	776	0.0152	○	
400x200	400x200	8	13	13	83.37	65.4	23500	1740	16.8	4.56	1170	174	0.0239	○	○
400x300	390x300	10	16	13	133.2	105	37900	7200	16.9	7.35	1940	480	0.0185	○	
400x400	400x400	13	21	22	218.7	172	66600	22400	17.5	10.1	3330	1120	0.0136	○	
	414x405	18	28	22	295.4	232	92800	31000	17.7	10.2	4480	1530	0.0102	○	
	428x407	20	35	22	360.7	283	119000	39400	18.2	10.4	5570	1930	0.0085	○	
	458x417	30	50	22	528.6	415	187000	60500	18.8	10.7	8170	2900	0.006	○	
	498x432	45	70	22	770.1	605	298000	94400	19.7	11.1	12000	4370	0.0043	○	
450x200	450x200	9	14	13	95.43	74.9	32900	1870	18.6	4.43	1460	187	0.0222	○	
450x300	440x300	11	18	13	153.9	121	54700	8110	18.9	7.26	2490	540	0.0169	○	
500x200	500x200	10	16	13	112.2	88.2	46800	2140	20.4	4.36	1870	214	0.0199	○	○
500x300	488x300	11	18	13	159.2	125	68900	8110	20.8	7.14	2820	540	0.0171	○	
600x200	600x200	11	17	13	131.7	103	75600	2270	24	4.16	2520	227	0.0189	○	○
600x300	588x300	12	20	13	187.2	147	114000	9010	24.7	6.94	3890	601	0.0159	○	○
700x300	700x300	13	24	18	231.5	182	197000	10800	29.2	6.83	5640	721	0.014	○	
800x300	800x300	14	26	18	263.5	207	286000	11700	33	6.67	7160	781	0.0133	○	
900x300	890x299	15	23	18	266.9	210	339000	10300	35.6	6.2	7610	687	0.0139	○	
	900x300	16	28	18	305.8	240	404000	12600	36.4	6.43	8990	842	0.0122	○	○
	912x302	18	34	18	360.1	283	491000	15700	36.9	6.59	10800	1040	0.0105	○	
	918x303	19	37	18	387.4	304	535000	17200	37.2	6.67	11700	1140	0.0098	△	

注）JIS規格より製造の現状を調査し，上記サイズを掲載した。

これに，$P = 50\,\text{kN}$，$\ell_1 = 10\,\text{m}$ を代入しますと，

$$277.8 \times \frac{P\ell_1}{A_1{}^{1.5}} = 277.8 \times \frac{50 \times 10}{A_1{}^{1.5}} = \frac{138900}{A_1{}^{1.5}} \quad \text{が得られます．}$$

前記のように ℓ_1，ℓ_2 をそれぞれ 10 m，8 m とした場合の計算式を整理すると以下のようになります．

$$\sigma_1 = \frac{138900}{A_1{}^{1.5}} \cdot \frac{1}{1 + \left(\dfrac{A_2}{A_1}\right)^2 \times 1.953} \tag{4.9a}$$

$$\sigma_2 = \frac{111100}{A_2{}^{1.5}} \cdot \frac{1}{1 + \left(\dfrac{A_1}{A_2}\right)^2 \times 0.512} \tag{4.9b}$$

応力度を計算する式 (4.9a)，式 (4.9b) が得られましたので，いくつかの断面積の組合せに対して照査を試みます．以上の数式の計算により，この問題の設計空間が図 4.5 のように得られました．

図 4.5 において，横軸は A_1 (cm^2)，縦軸は A_2 (cm^2) です．グレーの破線は，式 (4.9b) より得られる $\sigma_2 = 0$ の線，黒色の直線は式 (4.9a) より得られる $\sigma_1 = 0$ の曲線です．原点側が非許容領域，境界線より上側及び右側が許容領域になり，この領域に属しかつ与えられた工学的価値基準を最適にする設計解を求めることになります．3 点 (a, b, c) を取りその照査の結果を図中に示しています．

これ等の a，b，c の 3 ケースの設計を照査すると，以下のような結果が得られます．

$$(A_1,\ A_2) = \text{a}\ (50\,\text{cm}^3,\ 50\,\text{cm}^3),\ \text{b}\ (85\,\text{cm}^3,\ 40\,\text{cm}^3),\ c\ (20\,\text{cm}^3,\ 90\,\text{cm}^3)$$

$$a : \sigma_1 = 133.0\,\text{N/mm}^2 < 140\,\text{N/mm}^2,\ \ \sigma_2 = 207.8\,\text{N/mm}^2 > 140\,\text{N/mm}^2$$

$$b : \sigma_1 = 123.7\,\text{N/mm}^2 < 140\,\text{N/mm}^2,\ \ \sigma_2 = 132.6\,\text{N/mm}^2 < 140\,\text{N/mm}^2$$

$$c : \sigma_1 = \ \ 38.3\,\text{N/mm}^2 < 140\,\text{N/mm}^2,\ \ \sigma_2 = 127.0\,\text{N/mm}^2 < 140\,\text{N/mm}^2$$

図 4.5 の設計空間の中にプロットすることにより，設計 a は σ_2 の応力の条件を満足しないことが得られます．設計 b，c は応力の条件を満足しています．1 つの指標として各設計解の鋼材総容積を計算するとそれぞれの値は，設計 b の鋼材総容積は $117 \times 10^3\,\text{cm}^3$，設計 c の鋼材総容積は $92 \times 10^3\,\text{cm}^3$ となり，3 点とも偶然選択した設計ですが，以上の範囲では，設計 c が選択されるものと思います．

正確には，点 c の近くに最適設計と示してある点が最適設計で，$A_1 = 20\,\text{cm}^3$，$A_2 = 84\,\text{cm}^3$ で鋼材総容積は，$87.2 \times 10^3\,\text{cm}^3$ となり設計解 c に比べますと 5 ％減になります．

以上より，設計 a は許容応力度をオーバーしているので「不可」，設計 b，設計 c は「可」ということになります．では，どちらを選べばよいか？　他により良い設計はないか？

これらの質問がまさに設計の課題ということになります．

「式 (4.5) の意味」

本文 56 ページの式 (4.5) の意味について，説明を加えます．

その式は，下記のような部材断面積，断面係数，および断面 2 次モーメント間の関係式でした．関連で，H 形鋼の寸法を示す JISG3192 も載せています．

$$I_i = 1.113 \cdot A_i^2 \, (\text{mm}^4), \quad W_i = 0.900 \cdot A_i^{1.5} \, (\text{mm}^3) \tag{4.5}$$

ここは，厳密な設計ではないので，上記の JISG3192 から適当な断面を数組選び，最小 2 乗法により近似式を求めた結果です．断面積の冪（べき）数が 2 あるいは 1.5 になっているのは，それぞれの値の左辺と右辺の次数をそろえるためです．式そのものの精度は良いとは言えません．また，精度が良い近似式が得られても，得られるのは，連続量としての断面積，断面 2 次モーメントですので，設計には直接つながらない．つまり，JIS の規定は表 4.1 (p.57) ですが，本来断面寸法は離散的な数字ですので，連続量である部材断面積から断面寸法は得られません．断面寸法を直接求める問題に変更することは可能です．その場合，図 4.4 (p.57) に示すように 1 つの部材につき，上フランジの「厚さ」と「幅」，およびウェブの「厚さ」と「高さ」の 4 つのパラメータを決める必要がある．さらに部材数が多くなれば，問題はかなり複雑になる．実際それらの問題を解決できる手法はありますが，ここではこれ以上踏み込まないでおきます．「設計」というプロセスの難解さと重要性を理解しておいてください．

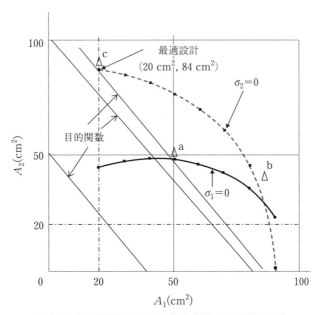

図 4.5　格子桁設計のための制約条件および目的関数

4.3 設計

前節で説明したように，任意に選択した3例の設計のうち，設計aは応力度の条件を満足しませんでしたが，設計b，cは応力度の条件を満足しています．これらのどちら，あるいはさらに他に良い設計はないのかということになります．

1つの指標として，使用鋼材の総容積（V_a, V_b, および V_c）を再度計算してみます．

i）$V_a = \ell_1 \times A_1 + \ell_2 \times A_2 = 10 \times 10^2 \times A_1 + 8 \times 10^2 \times A_2$
$$= 10 \times 10^2 \times 50 + 8 \times 10^2 \times 50 = 90 \times 10^3 \, \text{cm}^3 \qquad (4.10\text{a})$$

以下，同様に，

ii）$V_b = 10 \times 10^2 \times 85 + 8 \times 10^2 \times 40 = 117 \times 10^3 \, \text{cm}^3 \qquad (4.10\text{b})$

iii）$V_c = 10 \times 10^2 \times 20 + 8 \times 10^2 \times 90 = 110 \times 10^3 \, \text{cm}^3 \qquad (4.10\text{c})$

設計aは，応力の制約条件を満足していませんが，参考に計算結果を示しました．応力の条件を満足している設計bと設計cを比較すると，設計cの方が鋼材総容積は少なく，鋼材総容積を比較するかぎり設計cを取るべきと考えられます．しかし，これだけで十分かという疑問が残ります．

そこで，$A_1 - A_2$ に関する設計空間について，考察を加えます．式（4.9a），式（4.9b）から

$$\sigma_1 = \sigma_0, \quad \sigma_2 = \sigma_0$$

の関係式が得られ，それぞれの応力が，ちょうど σ_0（許容応力度）になる曲線式を誘導することができます．詳しい誘導の過程を右に示しています．

$$A_1 = \sqrt{\frac{793.65}{A_2^{1.5}} - 1} \times \frac{A_2}{0.7155} \qquad (4.11\text{a})$$

$$A_2 = \sqrt{\frac{992.06}{A_1^{1.5}} - 1} \times \frac{A_1}{1.3975} \qquad (4.11\text{b})$$

これを再掲したのが，図4.6 です．

縦軸が $A_2\,(\text{cm}^2)$，横軸が $A_1\,(\text{cm}^2)$ です．破線の曲線が σ_2 が σ_0 になる境目，実線の曲線が σ_1 が σ_0 になる境界線を表します．曲線を境目にして設計空間が2つに分けられますが，いずれも原点Oを含む側が応力度の制約を満足しない領域，逆側が応力の制約を満足する領域です．右下がりの破線は，鋼材総容積の等値線です．

上で計算した設計a，設計b，および設計cを図4.6 上にプロットしました．計算結果からも推測できますが，設計a の σ_1 は応力の条件をぎりぎり満足しているが，σ_2 は満足していない．設計b，設計cはどちらも応力の条件を2つとも満足しているが，位置関係は両者の距離は遠い．

ここで，この設計問題の定式化を試みます．

○　目的関数 ：
目的関数としては，どの場合でも設計者が期待する工学的価値基準を取りうる．ここ

では鋼材総容積を目的関数とします．
$$V = \ell_1 \times A_1 + \ell_2 \times A_2 \quad \to \quad \min \tag{4.12}$$
ここで，Vは鋼材総容積 (mm^3)，ℓ_iは部材iの部材長 (mm)，A_iは部材iの断面積 (mm^2) です．このVの最小化をこの問題では目的とします．

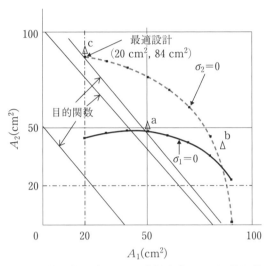

図4.6 格子桁設計のための制約条件および目的関数
（図4.5再掲：p.59）

式の展開が少し複雑になりましたので，式 (4.11b) の誘導の過程を説明します．

式 (4.9a) より
$$\sigma_1 = \frac{138900}{A_1^{1.5}} \cdot \frac{1}{1 + \left(\frac{A_2}{A_1}\right)^2 \times 1.953} = \sigma_0$$

分母，分子の入れ替えをして，
$$\frac{138900}{\sigma_0 \times A_1^{1.5}} = 1 + \left(\frac{A_2}{A_1}\right)^2 \times 1.953$$

$$\frac{138900}{\sigma_0 \times A_1^{1.5}} - 1 = \left(\frac{A_2}{A_1}\right)^2 \times 1.953$$

$$\left(\frac{A_1^2}{1.953}\right)\left(\frac{138900}{\sigma_0 \times A_1^{1.5}} - 1\right) = A_2^2$$

$$A_2 = \sqrt{\left(\frac{A_1^2}{1.953}\right)\left(\frac{138900}{\sigma_0 \times A_1^{1.5}} - 1\right)} = \frac{A_1}{1.3975} \times \sqrt{\frac{992.06}{A_1^{1.5}} - 1} \tag{4.11b}$$

60　　4　不静定構造（格子桁の解析と設計）

○　制約条件　：

　本設計問題では，図 4.7 に示す H 形鋼を設計の対象とします．各部材の断面寸法は B，H，t_1 および t_2 が該当しますが，ここでは，部材の断面 2 次モーメントおよび断面係数を断面積の関数とする近似関数を導入し，各部材の断面積を設計変数とします．

　断面の上下縁の応力が，許容応力度を超えないということを条件にしていますが，部材断面積と断面係数の近似関数式（4.5）を用いますので，制約条件は，次のように表されます．

$$\sigma_1 = M_1/W_1 \leq \sigma_0 \tag{4.13a}$$
$$\sigma_2 = M_2/W_2 \leq \sigma_0 \tag{4.13b}$$

ここで，σ_i：部材 i の上下縁に作用する最大曲げ応力度（N/mm²）

$\quad$ M_i：解析より得られる，部材 i の中央に作用する最大曲げモーメント（N・mm）

$\quad$ W_i：部材 i の断面係数（mm³）

$\quad$ σ_0：設計が満足すべき許容応力度（N/mm²）

以上をまとめて応力に関する制約条件式を整理すると，以下のようになります．

$$\sigma_1 = \frac{138900}{A_1^{1.5}} \cdot \frac{1}{1 + (A_2/A_1)^2 \times 1.953} - \sigma_0 \leq 0 \tag{4.14a}$$
$$\sigma_2 = \frac{111111}{A_2^{1.5}} \cdot \frac{1}{1 + (A_1/A_2)^2 \times 0.512} - \sigma_0 \leq 0 \tag{4.14b}$$

　この設計問題は，図 4.8 からも得られるように，設計 c の近傍が制約条件を満足し，総容積も少ないという結論が得られます．下記の式（4.15），（4.16）の制約条件が追加されても，条件は満たします．図より判断すれば，この問題の設計解は設計 c と結論付けることができます．

　A_1，A_2 の上下限値に関する条件は，以下のように定義されているとしましょう．

$$2000 \, \text{mm}^2 \leq A_1 \leq 10000 \, \text{mm}^2 \tag{4.15}$$
$$2000 \, \text{mm}^2 \leq A_2 \leq 10000 \, \text{mm}^2 \tag{4.16}$$

○　設計変数　：

　本設計問題で，決定すべきパラメータは，A_1，A_2 となります．

　全体を総括すれば，「制約条件 式（4.14a）〜（4.16）を満足する設計のうち，式（4.12）を最小にする A_1，A_2 を決定せよ」と書くことができます．

　この設計問題の設計解は，2 次元の図 4.8 を描くことができ，視覚的に種々のニーズに応える値を得ることができます．しかし一般の設計では，図 4.8 に対応する図は得られません．第 1 章で説明した桁の設計問題はそう面倒でないかもしれませんが，格子桁の問題は，わずか 2 変数でもかなり難しく，〈解析〉→〈照査〉のみを用いては，許容解は求められますが，無数にある設計解からより良い設計を探すのは，困難であることがわかります．

　設計点 b，あるいは c が設計解の候補になりますが，図 4.8 が見られない状態では，

正しい判断は難しいと思われます．

次は，トラス構物造を例にとり，また〈解析〉，〈照査〉，および〈設計〉について検討します．

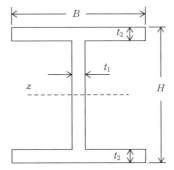

図 4.7 H形鋼（図 4.4 再掲：p. 57）

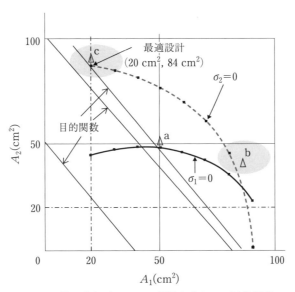

図 4.8 格子桁設計のための制約条件および目的関数
（図 4.5 再掲：p. 59）

5 トラスの解析と設計

　ここでは，図 5.1 に示すような平行弦ワーレントラスについて，解析，照査，および設計について検討します．トラス構造物の解析は，比較的苦手にされる傾向がありますが，基本的には 1.1 の式（1.3）〜（1.5）を適用し，2 次元あるいは 3 次元の連立一次方程式の計算です．大学の初年度の学生にも理解可能と思われます．

　先ず，構造物内の節点について説明します．現在のトラス構造物においては，部材と部材が交叉する節点は構造解析上ヒンジと仮定されます．明治時代にイギリス，あるいはアメリカから輸入されたトラス構造物の節点は，完全に摩擦がないと仮定されるヒンジでしたが（写真 5.1，写真 5.2）現在のトラス構造物においては，写真 5.3 に示されるように事実上「剛結」であり，軸力だけでなく，モーメントも伝達する構造物になっています．それでも軸力部材として解析され，結果が有効なのは，曲げモーメントによる断面内の応力度は，軸力による応力度に比べてかなり少ないので，軸力部材と仮定できるからです．これは，ランガー桁のアーチ部についても同じことです．ですから，トラス構造物にせよ，ランガー桁にしても，使用する部材の剛性が高い場合は，節点を剛結とし，部材は軸力のみでなく，モーメント，せん断力が作用する部材として解析するか，あるいは，トラス構造物として解析してから 2 次応力度の評価をする必要があります．以上を踏まえたうえで，ここでは，節点はヒンジ構造と仮定して解析し，照査，設計を説明します．

　トラスは，合理的な構造と考えられますが，下路トラス橋は通交時に運転者に対する圧迫感，あるいは，景観的に直線が錯綜し好ましくない等の議論により，一時採用されない時期がありましたが，最近はまた使用例が増えてきているようです．

　本節は，1 例として小規模の静定トラスの解析を説明し，その後，不静定 3 本トラスの設計について説明します．

5.1　静定トラスの解析

　静定トラスの解析法には，「節点法」と「断面法」とがあります．どちらの解析法も，すでに説明されている桁の断面力の計算と同じで，反力を計算した後，トラスを左右 2 つに分けて，切り口の部材端部に考慮すべき総ての軸力を作用させ，式（1.3）〜（1.5）

5.1 静定トラスの解析　*63*

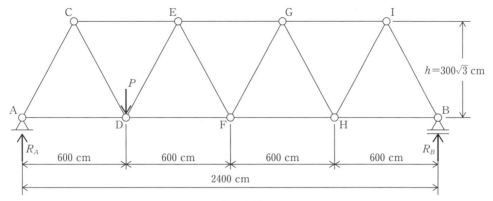

図 5.1 15部材平行弦ワーレントラス

写真 5.1 初期の頃のトラスの節点（1）

写真 5.2 初期の頃のトラスの節点（2）

写真 5.3 現在のトラスの節点

64　　5　トラスの解析と設計

を適用します．節点法では 2 つの未知軸力，断面法では 3 つの未知軸力が出ますので，それぞれの関係式を求めます．2 つの解析法の違いは，構造物をどう切るかの違いです．

　トラスの場合，求める断面力は，軸力だけですが，その正負は，図 1.6 に示すように，節点を引っ張る向きが正となります．まず，節点法について説明します．

(1)　節点法

　図 5.1（前ページ）のトラス構造物について検討します．作用荷重 $P = 80\,\mathrm{kN}$ とすると，反力 R_A, R_B は，$R_A = 60\,\mathrm{kN}$, $R_B = 20\,\mathrm{kN}$ となります．

　図 5.2 に示すように，各節点の周りに円の切取線を示しました．釣合いを取る節点は，どこからでもよいわけではなく，必ず 2 以下の未知軸力が出るように切らなければなりません．未知軸力が「3」ではなく「2」としたのは，節点法では，未知軸力は必ず円に含まれる節点を通るから，曲げモーメントの釣合いは自動的に満足しているからです．

　まず節点 A から始めますと，図 5.3a が得られます．軸力 N_{AC}, N_{AD} は以下のように求まります．節点 A について：

$$\Sigma H = 0 \,;\, N_{AC}\cdot\cos 60° + N_{AD} = 0$$
$$\Sigma V = 0 \,;\, N_{AC}\cdot\sin 60° + R_A = 0$$
$$\therefore N_{AC} = -40\sqrt{3}\ \mathrm{kN}, \ N_{AD} = 20\sqrt{3}\ \mathrm{kN} \tag{5.1}$$

　次に，節点 C を検討します．図 5.3b に力の関係を示してあります．節点 D を先に計算しないのは，節点 A での検討が終わった段階で，軸力 N_{AD} は既知ですが N_{CD}, N_{DE}, および N_{DF} の 3 つの軸力が求まっていません．つまり，3 つの変数に対して，条件数が 2 ですので，解析不能になるためです．そのため節点 C における釣合いを先行します．

$$\Sigma H = 0 \,;\, N_{AC}\cdot\cos 60° - N_{CD}\cdot\cos 60° - N_{CE} = 0$$
$$\Sigma V = 0 \,;\, N_{AC}\cdot\sin 60° + N_{CD}\cdot\sin 60° = 0$$
$$\therefore N_{CE} = -40\sqrt{3}\ \mathrm{kN}, \ N_{CD} = 40\sqrt{3}\ \mathrm{kN} \tag{5.2}$$

　次に，節点 D を検討します．節点 D は荷重作用位置で $P = 80\,\mathrm{kN}$ が作用していることも，当然釣合いの関係式には反映されます．力の関係は図 5.3c に示されています．

$$\Sigma H = 0 \,;\, N_{DF} + N_{DE}\cdot\cos 60° - N_{AD} - N_{CD}\cdot\cos 60° = 0$$
$$\Sigma V = 0 \,;\, N_{CD}\cdot\sin 60° + N_{DE}\cdot\sin 60° - 80\,\mathrm{kN} = 0$$
$$\therefore N_{DE} = \frac{40}{3}\sqrt{3}, \ N_{DF} = \frac{100}{3}\sqrt{3} \tag{5.3}$$

節点法によるトラスの解析の例の最後として，節点 E を検討します．力の関係は，図 5.3d に示されています．

$$\Sigma H = 0 \,;\, N_{CE} + N_{DE}\cdot\cos 60° - N_{EG} - N_{EF}\cdot\cos 60° = 0$$
$$\Sigma V = 0 \,;\, N_{DE}\cdot\sin 60° + N_{EF}\cdot\sin 60° = 0$$
$$\therefore N_{EG} = -\frac{80}{3}\sqrt{3}, \ N_{EF} = -\frac{40}{3}\sqrt{3} \tag{5.4}$$

各部材の軸力は，すべてまとめて表 5.1 に示されています．

5.1 静定トラスの解析　65

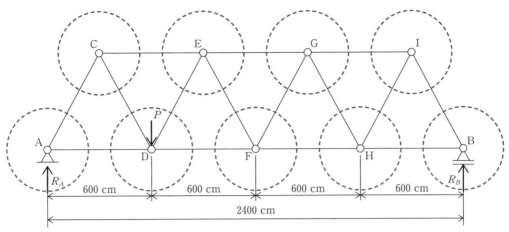

図 5.2　節点法による検討範囲

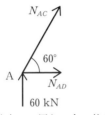

図 5.3a　節点 A の周りの力の釣合い

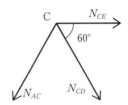

図 5.3b　節点 C の周りの力の釣合い

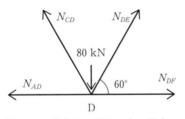

図 5.3c　節点 D の周りの力の釣合い

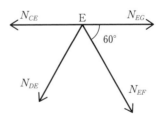

図 5.3d　節点 E の周りの力の釣合い

表 5.1　トラスの各部材の軸力

部材	A―C	A―D	C―D	C―E	D―E	D―F	E―F	E―G
軸力	$-40\sqrt{3}$	$20\sqrt{3}$	$40\sqrt{3}$	$-40\sqrt{3}$	$\dfrac{40}{3}\sqrt{3}$	$\dfrac{100}{3}\sqrt{3}$	$-\dfrac{40}{3}\sqrt{3}$	$-\dfrac{80}{3}\sqrt{3}$

部材	F―G	F―H	G―I	G―H	H―I	H―B	I―B	
軸力	$\dfrac{40}{3}\sqrt{3}$	$\dfrac{40}{3}\sqrt{3}$	$-\dfrac{80}{3}\sqrt{3}$	$-\dfrac{40}{3}\sqrt{3}$	$\dfrac{20}{3}\sqrt{3}$	$\dfrac{20}{3}\sqrt{3}$	$-\dfrac{20}{3}\sqrt{3}$	

(2) 断面法

静定トラスの解析法として，断面法があります．基本的な考え方は節点法とほとんど同じです．曲げモーメントの釣合条件が必要です．構造物を切り出し，解析しやすい方を選択して断面力を得る．節点法だと，構造物の中ほどの部材についても，支点から順に計算していかなければなりませんが，断面法では，求めたい軸力を直接得ることができるのが特徴です．

例として，節点法で検討した同じ構造物の図 5.1 に示す平行弦ワーレントラスを検討します．先ず，軸力の値が必要な部材を切ることができるように，構造物を 2 つに分解します．図 5.4a に切断線を示し，図 5.4b が左右に分解されたトラス構造物です．左右の構造物のうち，解析者の都合の良い方を選択します．左右どちらをとっても同じ解を得ることができますが，場合によっては，解きやすい部分構造と解きにくい部分構造になることがあります．この例題の場合は，図 5.5 に示すように，切断された構造物の左側を取ります．

断面の切断は，つまり部材の切断ですが，切断された部材には，図に示すように，部材軸の方向（向き）で，部材の節点を引っ張る方向に未知軸力を書き入れます（図 5.6）．

図には，反力 R_A と荷重 P，および 3 部材の先端に作用する軸力が書かれています．これらの力に，式 (1.3)，(1.4) 及び式 (1.5) の曲げモーメントの釣合い条件を適用し各部材軸力を計算することになります．手順は，節点法と全く同じですが，以下のように計算されます．

$$\Sigma H = 0 \; ; \; N_{EG} + N_{DF} + N_{EF}\cos 60° = 0$$
$$\Sigma V = 0 \; ; \; N_{EF}\sin 60° + P - R_A = 0$$
$$\Sigma M_{(at\,E)} = 0 \; ; \; N_{DF} \times h + P \times 300 - R_A \times 900 = 0$$
$$\therefore N_{EG} = -\frac{80}{3}\sqrt{3}, \; N_{EF} = -\frac{40}{3}\sqrt{3}, \; N_{DF} = \frac{100}{3}\sqrt{3} \tag{5.5}$$

他も同様な手順で解いていくことになります．

全部材の軸力は表 5.1（前ページ）に示してあります．

5.1 静定トラスの解析　67

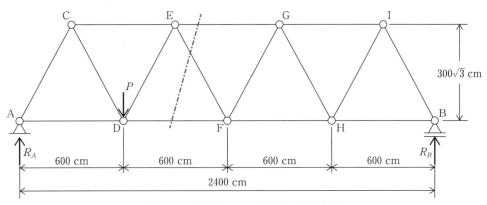

図 5.4a　断面法で，切断位置を決めた図

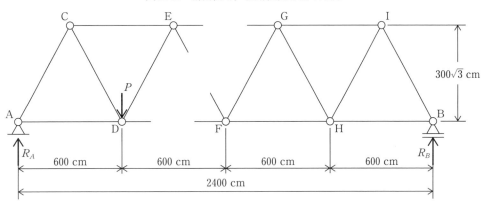

図 5.4b　断面法で，切断線の左右に構造を分離した図

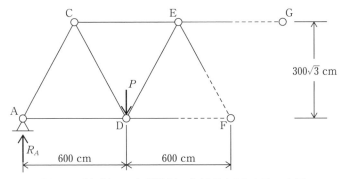

図 5.5　断面法で，切断位置の左側だけを切り取った図

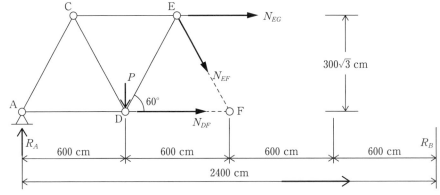

図 5.6　断面法で，部材軸力を計算するための図

68 5 トラスの解析と設計

5.2 不静定トラス構造物の解析と設計

トラス構造物を含む一般的な構造物の解析は，ほとんど第7章で説明されるマトリクス構造解析法でなされ，静定，不静定は関係してきません．ただ，基礎的な理解として，変位，変形，あるいは断面力等は，不静定構造物であれば断面に関するパラメータに影響されるので，簡単な不静定構造物で解析法を理解しておくことは必要なことです．一例として，図5.7に示す左右対称の3本トラスの例で，解析を説明します．

(1) 対称不静定3本トラス構造物の解析

構造物は1次不静定で，4章で説明した格子桁の解析と考え方は同じです．

i 部材の断面積は，A_i と表わされます．図5.7において，部材2と部材1，3を切り離します．切断箇所に図5.8のように部材軸の方向に不静定力Xを導入します．新しい節点 ④′ と節点 ④″ は元々④として結合しているものですから，部材軸方向の変位 δ' と δ'' は同じ値でなければなりません．この適合条件は，以下のように定義されます．

$$\delta' = \delta'' \tag{5.6}$$

ここで，軸力部材の伸びの公式 式（1.10）を参考にして，

$$\delta' = \frac{\ell/\sqrt{2} \cdot X}{EA_2} \tag{5.7}$$

が得られます．図5.9の δ'' は，左右対称構造物ですので，図5.8の $(P-X)$ の下方への荷重により ④′ の伸びになります．図5.8の節点 ④″ における部材の関係を示したのが，図5.9になります．荷重作用により，④″ が直下の ④* に移動することにより δ'' が発生します．δ_0 は部材1の軸力 N_1 から計算される変形量です．節点 ④″，点⑤，および節点 ④* が形成する直角三角形において，下に示す手順で解析が進められます．

仮定：$(\theta = \theta_0)$; $\dfrac{\delta_0}{\delta''} = \cos\theta_0 = \cos\theta = \dfrac{1}{\sqrt{2}} \Rightarrow \delta'' = \sqrt{2}\cdot\delta_0$

力の釣合い ; $2\cdot N_1\cdot\cos\theta = P - X \Rightarrow N_1 = \dfrac{P-X}{\sqrt{2}}$

部材①の伸びの計算 ; $\delta_0 = \dfrac{N_1\cdot\ell}{E\cdot A_1},\ \delta' = \dfrac{X\cdot\ell/\sqrt{2}}{EA_2} = \dfrac{\ell}{\sqrt{2}\cdot EA_2}\cdot X$

δ' の計算 ; $\delta'' = \sqrt{2}\cdot\delta_0 = \sqrt{2}\cdot\dfrac{P-X}{\sqrt{2}}\cdot\dfrac{\ell}{EA_1}$

適合条件 ; $\delta' = \delta''$ より

$$\frac{\ell}{\sqrt{2}\cdot EA_2} \times X = \sqrt{2}\cdot\frac{(P-X)\ell}{\sqrt{2}\cdot EA_1}$$

不静定力Xの計算 ; $\therefore X = \dfrac{\sqrt{2}\cdot A_2}{A_1 + \sqrt{2}A_2}\cdot P$

$$N_1 = N_3 = \frac{A_1}{A_1 + \sqrt{2}A_2}\cdot\frac{P}{\sqrt{2}},\ \ N_2 = \frac{\sqrt{2}A_2}{A_1 + \sqrt{2}A_2}\cdot P$$

5.2 不静定トラス構造物の解析と設計　**69**

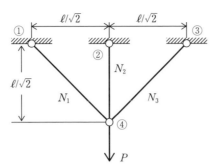

図 5.7　1 次不静定 3 本トラス

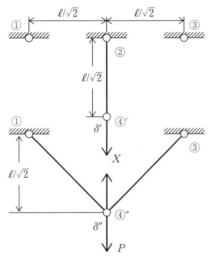

図 5.8　構造を静定化し不静定力 X の導入

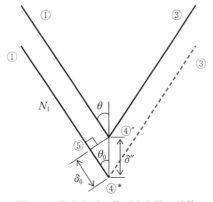

図 5.9　微小変形に基づく変位の計算

70　　5　トラスの解析と設計

　以上の解析において，①－④″と①－④＊を平行線として扱い，計算もそれに従っていますが，これは，今計算している構造物において，荷重載荷に伴う変位，変形が非常に微小であるという前提に立っています．部材力などの計算も構造物の変形は考慮せず，初期の段階（図5.7：前ページ）の幾何形状で釣合いをとっています．もし変形が大きくなり，微小変形の前提が崩れる場合は，変形を考慮した理論で解析すべきです．

　本書の場合は，全編で微小変形を前提として解析理論を説明しています．

　前記した，不静定格子桁でも同じですが，不静定構造物は構造物を形成する断面パラメータが変わると内部の断面力も変わります．これは不静定桁の設計において，留意しなければならない点です．例えば，上記の軸力の式に部材断面積が入っています．静定構造物では入りません．これはつまり，トラス構造物でも梁/桁構造物でも，不静定構造物であれば，断面力は，断面のパラメータの影響を必ず受けるということになります．しかし，上記の断面力の式より得られますが，3本トラス（図5.7：前ページ）であれば，すべて同一断面を用いれば，断面積の項は消えて，断面力は断面パラメータの影響を受けないと錯覚することになります．このことをきちんと理解していれば問題ありませんが，教育の現場でも扱う式を簡略にするために，断面パラメータをすべて同じにすることがあります．そうすると，上記の不静定トラスでも，断面力が断面に依存しないことになり，間違った判断がされる可能性があります．教育の現場でも実務でも注意する必要があります．

(2)　応力の計算

　桁あるいは柱の断面が適正であるかそうでないかについては，断面寸法に関わる条件もありますが，第1に満足しなければならないのは応力度です．種々の荷重のもとで計算される応力度は，必ず許容応力度以内になければなりません．この許容応力度は，例えば，道路橋示方書などに明記されていますが，作用応力度は自分で導く必要があります．

　作用応力度を計算する公式などは結果のみ書くと以下のようになります．

　軸力部材の応力の計算は，次式で計算される．

$$\sigma = \frac{N}{A} \tag{5.8}$$

ここで，　σ：作用応力　　　　　（kN/mm²）

　　　　　N：作用軸力　　　　　（kN）

　　　　　A：部材断面積　　　　（mm²）

柱の設計において，許容応力度は重要なパラメータになります．軸力が引張の場合は，許容応力度は降伏応力度を安全率で除した値で与えられ，式（5.8）で計算された作用応力の値との比較で部材の安全性が確認できます．しかし，部材の軸力が圧縮になると，許容応力度の計算は少し複雑になり，いくつかの断面に関するパラメータ（板厚，板幅等）が許容応力度の計算式に含まれます．この許容圧縮応力度の計算のもとになるのは，

柱の座屈です．柱の座屈は，両端の支持条件によって耐荷力は異なります．図5.10に示す両端単純支持の部材の座屈が，圧縮を受ける軸力部材の耐荷力の基本式になります．これらについては，第6章で説明されます．

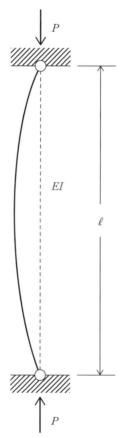

図5.10 両端単純支持の柱

5.3 照査

トラス構造物の場合は，部材軸力の照査は，断面積で除した応力と許容応力度との比較で行われます．許容応力度は，引張軸力を受ける部材と，圧縮軸力を受ける部材で大きく異なります．

引張部材の場合は，用いている材料，例えば鋼の降伏応力度を安全率で除した値が許容応力度として用いられ，作用応力度と許容応力度との大小関係で1つの照査基準を満足しているかどうかが判定されます．

一方，圧縮部材は，許容応力度が部材を構成する板の局部座屈，および板から構成される集成部材の全体座屈を考慮して導かれます．

圧縮部材の許容応力度は，道路橋示方書あるいは多数出版されている橋梁工学関連の著書に詳しく説明されていますので，ここでは，説明を省きます．ただ，これらの許容応力度は，両端単純支持柱の弾性座屈が基本ですので，その式を下に示します．

$$P_{CR} = \frac{\pi^2 \cdot EI_0}{\ell^2} \tag{5.9}$$

ここで，P_{CR}：弾性座屈荷重 　　　　　　　　　　　　　　（kN）

EI_0：柱の曲げ剛性．断面2次モーメントは2軸で計算されるが，両者のうち弱い方（弱軸回り）の I_0 で計算します．　（kN·mm²）

ℓ ：部材長 　　　　　　　　　　　　　　　　　　　　（mm）

引張材でも，圧縮部材でも，軸力を部材断面力で除した作用応力と許容応力度を比較して，現在仮定している断面が適切かどうか判断します．もし，作用応力度が許容応力度より大きければ，断面は修正しなければならず，逆に応力的に余裕のある断面の場合，余裕の程度によっては，断面を再検討する必要がある場合があります．これらの断面再検討は，作用軸力が一定で，変わらない場合は，つまり対象のトラス構造物が静定の場合は，断面をどう変えようと初期に計算された断面力の値は変化がありません．そのため，上記の手順は，それぞれの部材ごとに進めればよいので，それほど難しくはないです．しかし，構造物が不静定のトラス構造物であれば，部材軸力は，部材断面積が変わればそれに連動して変わります．断面軸力の変動を考慮しながら，許容応力度内に入る部材断面を決定するのは，かなり困難な作業になると考えられます．

5.4 設計（3本トラス構造[6), 9)]の場合）

トラス構造物の解析，および照査について説明し，照査で設計の基本的な部分を説明しました．

ここでは，非対称の3本トラスを例にとり，垂直荷重を斜め載荷に替えたトラス構造についての考察を試みます．

設計の対象は，図5.11に示す1次不静定トラスで，先端の④の荷重作用方向が，

5.4 設計（3本トラス構造の場合）

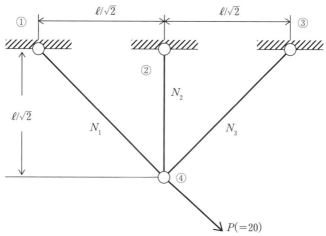

図 5.11 設計の対象とした3本トラス

74   5　トラスの解析と設計

①－④ の延長線上に作用するのが前出の問題と異なる点です．図5.7とは荷重の方向が異なります．構造の問題では非対称となります．

この場合，各部材の応力度は以下のように得られます．

$$\left.\begin{aligned}
\sigma_1 &= 20 \cdot \frac{A_2 + \sqrt{2}\,A_1}{2A_1A_2 + \sqrt{2}\,A_1{}^2} \\
\sigma_2 &= 20 \cdot \frac{\sqrt{2}\,A_1}{2A_1A_2 + \sqrt{2}\,A_1{}^2} \\
\sigma_3 &= -20 \cdot \frac{A_2}{2A_1A_2 + \sqrt{2}\,A_1{}^2}
\end{aligned}\right\} \tag{5.10}$$

許容応力度を，引張応力が [20]．圧縮応力は [−15] とすると，応力の制約条件は以下のように得られます．

$$\left.\begin{aligned}
-15 &\le \frac{20(A_2 + \sqrt{2}\,A_1)}{2A_1A_2 + \sqrt{2}\,A_1{}^2} \le 20 \\
-15 &\le \frac{20\sqrt{2}\,A_1}{2A_1A_2 + \sqrt{2}\,A_1{}^2} \le 20 \\
-15 &\le \frac{20A_2}{2A_1A_2 + \sqrt{2}\,A_1{}^2} \le 20
\end{aligned}\right\} \tag{5.11}$$

また，設計の工学的価値基準として，材料の総容積とすると，次式で表されます．

$$V = 200\sqrt{2} \cdot A_1 + 100 \cdot A_2 \tag{5.12}$$

これらの制約条件と工学的価値基準（この場合，総容積）を図に描いたのが図5.12です．横軸が A_1，縦軸が A_2 です．太い実践が，制約条件が0の場合の許容設計，非許容設計の境を表します．右下がりの破線が目的関数を表し，$V_2 \to V_1 \to V_0$ の順に値が少なくなっています．V_0 と上記の境界条件線との接点が最適解を示すことになります．

応力の条件は，各部材ごとに圧縮応力度と引張応力度があり，式 (5.11) に示すように応力だけで6の制約条件式があります．しかし，大部分の条件は満足され，最終的に検討の必要がある条件は，部材1の引張応力の制約条件と，部材3の圧縮応力の制約条件のみとなります．さらに，部材3の条件は部材1の条件と比べて効いてくる（アクティブ：active）可能性はないので，結局部材1の引張応力の条件のみとなります．図5.12において，ハッチのある方の領域が制約条件を満足している範囲（許容領域）で，原点を含む反対側は満足しない領域（非許容領域）です．これらは，設計空間を図に描いて始めてわかることであり，設計に際しては，種々の面から検討する必要があることを示しています．

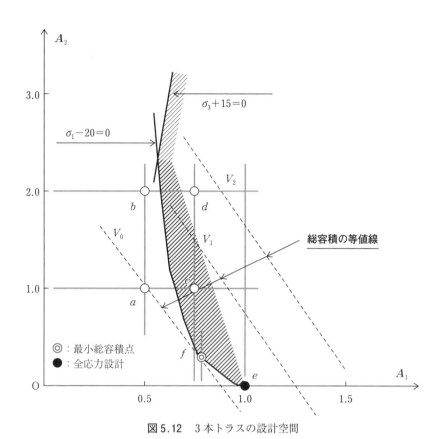

図 5.12 3本トラスの設計空間

表 5.2 6つの設計解の比較

設計	A_1	A_2	作用応力	許容応力	総容積 (V)
a	0.500	1.000	25.22	20.0	241.4
b	0.500	2.000	23.00	20.0	341.4
c	0.750	1.000	17.95	20.0	312.1
d	0.750	2.000	16.13	20.0	412.1
e	1.000	0.000	20.00	20.0	282.8
f	0.788	0.410	20.00	20.0	263.9

76　　5　トラスの解析と設計

　右下がりの破線は総容積の等値線です．設計空間には設計が応力の条件を満たす多くの設計解がありますが，等値線が設計可能領域にある範囲で一番総容積が少ない設計解を求めることになります．

　今，たまたま表5.2に示す6種類の設計のうち，cまたはdを選択し応力度を計算した結果，両方とも許容領域にあることがわかった場合，総容積を比較してcを採用することになるでしょうか．実はこの問題は，すべての部材が許容応力度ぎりぎりになるという設計法を使いますと，設計「e」に収束する問題です．ですから，この場合，部材2の断面積が0になるという結果になります．

　しかし，この問題は2次元問題で，設計空間を図に表すことが可能ですので，一目で設計「f」の方が設計「e」より総容積が少ないという点で優れていることがわかります．

　この問題は，1960年にL. Schmit[9]が発表した論文に記載されたものです．従来から構造設計において，当たり前のように考えられていた全応力設計（e: fully stressed design）が必ずしも最適設計ではないこと，およびコンピュータを駆使して設計問題を解いたという内容の論文ということで，高い評価を得ました．半世紀も前の研究成果ですが，問題が2次元空間で説明できることと，設計の現状は，基本的に以前と変わらないために説明しました．

　6種類の設計を試算した結果が表5.2（前ページ）に示されています．この場合，最適設計は設計「f」になり，

$$A_1 = 0.788 \,(\mathrm{mm^2}), \quad A_2 = 0.410 \,(\mathrm{mm^2}), \quad V = 263.9 \,(\mathrm{mm^3})$$

となります．

〈豆知識 ②〉

ばねで支持された桁のたわみ（ばね定数の考え方）

平面上にばねを置き，水平方向に引っ張る場合，伸びと引張力との間には，以下の関係があります．

$$P = k\delta \quad (1)$$

ここで，k：ばね定数（N/mm）

P：荷重　　δ：変位（mm）

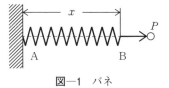

図—1　バネ

このばねを含む解析問題は，苦手とされる傾向があります．例えば，下に示す図—2，あるいは図—3です．

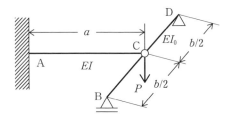

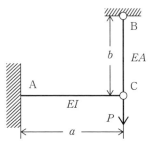

図—2　単純桁で支持された片持ち梁　　　　**図—3**　軸力部材で支持された片持ち梁

図—2は，単純支持桁 BD の中央Cで支持された片持ち梁 AC のC点に荷重が載荷された問題であり，図—3は，伸びと先端Cに P の荷重が載荷される片持ち梁 AC の先端を軸力部材 BC で支持した問題です．

図—4は，典型的なばねを含む構造解析の問題です．片持ち梁 AB の先端がばねで支持されている問題で，1次不静定問題ですので点Bで桁とばねを分離し，間に不静定力Xを入れて適合条件を誘導しそれにより解析が可能になる問題です．

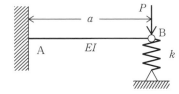

図—4　片持ち梁をばねで支える問題

実は，図—2も図—3も図—4と同じ種類の問題と解釈できます．これは，ばね定数が適切に変換さることが必要となります．図—2において，C点での結合を解いた静定構造に分解後，BD 梁中央C点に集中荷重が作用する場合の点Cのたわみは，

$$\delta = \frac{Pb^3}{48EI} \quad \text{これより} \quad P = \frac{48EI}{b^3}\delta \quad (2)$$

図—4に対応させるとばね定数を $k = 48EI/b^3$ と変換した場合と等価になります．また，図—3において，軸力部材 BC のC点に下向きに荷重Pが作用した場合の伸びは，次式です．

$$\delta = \frac{Pb}{EA} \quad \text{これより} \quad P = \frac{EA}{b}\delta \quad (3)$$

図—4に対応させるとばね定数 $k = EA/b$ と変換した場合と等価になります．

以上より，ばねで支持された問題は，難しいことはなくかなりの問題を等価な問題に変換できることがわかります．

6 柱の座屈の基礎理論

　トラスに代表されるように，鋼構造物を構成する部材の内，半数程度は圧縮部材（圧縮軸力を受ける部材）です．圧縮部材は，軸力を大きくしていくと，ある荷重状態の時座屈を起こし，それ以上の荷重を支持することはできません．引張部材にはない現象です．この座屈を起こす荷重を座屈荷重といい，特に鋼構造物の圧縮部材の設計では大変重要です．以下では，両辺単純支持の部材（図6.1），1端固定1端ヒンジ支承の部材（図6.2），および両端固定の部材（図6.3）の弾性座屈荷重の誘導の過程を説明します．

　まず，図6.1を検討します．

　断面に比べて長さの長い柱（長柱）の基礎微分方程式は，次式です．

$$\frac{d^2}{dx^2}\left(EI\frac{d^2v}{dx^2}\right) + P\frac{d^2v}{dx^2} = 0 \tag{6.1}$$

断面が柱の軸方向に等断面であれば，次式のようになります．

$$EI\frac{d^4v}{dx^4} + P\frac{d^2v}{dx^2} = 0 \tag{6.2}$$

以上で，xは柱軸方向の距離になります．この方程式の一般解は次式です．

$$v = C_1\cos kx + C_2\sin kx + C_3\frac{x}{\ell} + C_4 \tag{6.3}$$

　ℓは柱の長さです．上式を式（6.1）に代入し，右辺が0（ゼロ）となることを確認してください．ここで，下式のパラメータkを導入します．

$$k = \sqrt{P/EI} \tag{6.4}$$

　式（6.3）には，C_1～C_4の4つの未定係数がありますが，これらは，柱の境界条件により決定されます．柱は，両端で支持されていますが，その組合せは，以下の4通りの組合せがあります．

　　　　ヒンジ端　―　ヒンジ端

　　　　ヒンジ端　―　固定端

　　　　固定端　　―　自由端

　　　　固定端　　―　固定端

それぞれの支持状態には，以下の条件式が与えられます．

　　　　ヒンジ端　：　$v = 0$，$v'' = 0$

固定端 　　　: $v = 0,\ v' = 0$ (6.5)
自由端 　　　: $v'' = 0,\ v''' + k^2 v' = 0$

　これらの条件を組合せて，未定係数を解くことになります．基本的な考え方は，桁のたわみの計算と同じことになります．

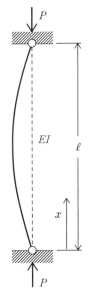

図 6.1　両端がヒンジ支承

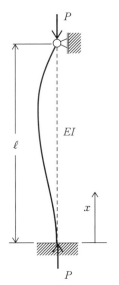

図 6.2　一端固定，一端ヒンジ支承

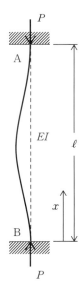

図 6.3　両端固定支承

80 6 柱の座屈の基礎理論

6.1 両端ヒンジの柱

桁の長さが ℓ，曲げ剛性が EI，両端ヒンジの場合（図6.4）は，以下のようにして座屈荷重を求めることができます．

まず，両端ヒンジですから，境界条件は以下のように誘導されます．

先に，準備のために必要な微分をしておきます．

$$v = C_1\cos(kx) + C_2\sin(kx) + C_3\frac{x}{\ell} + C_4$$

$$v'' = -C_1 k^2\cos(kx) - C_2 k^2\sin(kx) \tag{6.6}$$

ここで，$x = 0 : v = 0$，$v'' = 0$ ですから，$C_1 + C_4 = 0$，$-C_2 \cdot k^2 = 0$ $\tag{6.7}$

これらよりまず $C_1 = C_4 = 0$ が得られ，また，

$$x = \ell : v = 0,\ v'' = 0\ \text{より，}\ C_2 \cdot \sin(k\ell) + C_3 = 0,\ -C_2 \cdot k^2\sin(k\ell) = 0 \tag{6.8}$$

式（6.8）の第1式において，もし C_2 がゼロであれば，C_3 もゼロになり，すべての未定係数が0となりこれは不自然で，受け入れられません．結局，$\sin(k\ell) = 0$ が解になります．

$$\sin(k\ell) = 0$$

になるのは，$k\ell = n\pi$ の時ですので，式（6.4）に代入し，座屈荷重を求めますと，

$$P_{cr} = n^2\frac{\pi^2 EI}{\ell^2} \tag{6.9a}$$

n の値によって座屈荷重は変わりますが，最小の座屈荷重が設計上重要ですので，こは $n = 1$ として，両端単純支持の柱の座屈荷重として下式の座屈荷重が得られます．

$$P_{cr} = \frac{\pi^2 EI}{\ell^2} \tag{6.9b}$$

実際の構造物で鋼構造物を選択する理由の一つに軽量化があげられます．つまり，比較的スレンダーな部材が求められ，鋼は適切な部材として多く利用されます．その時，材料の強度として一番の課題は座屈になります．座屈は，ここに説明した柱だけでなく，平面の座屈，曲面の座屈まですべての分野で解析され，実験が行われてきました．式（6.9b）もあくまでも理論解であり，実際に考慮すべき部材の初期のゆがみ等は考慮されない場合の解です．実際は，多くの実験結果を総合して，照査すべき種々の部材の公式が得られています．上記の解析解は簡単なモデルとはいえ，多くの鋼製柱の座屈耐荷力の基本となる式になります．

ここで説明されたのは，両端ヒンジのために整理された方法であり，他の境界条件の組合せのためには，より一般的な手法も知る必要があります．以下に，より一般的な柱部材の座屈解析法を説明します．

上で解いた両端単純支持の座屈問題は，以下の4式を解いて得られました．

- $x = 0 : v = 0 \;\; : \cos(k\cdot 0)\times C_1 + \sin(k\cdot 0)\times C_2 + 0/\ell \times C_3 + C_4 = 0$
- $x = 0 : v'' = 0 : -k^2\cos(k\cdot 0)\times C_1 - k^2\sin(k\cdot 0)\times C_2 = 0$
- $x = \ell : v = 0 \;\; : \cos(k\cdot \ell)\times C_1 + \sin(k\cdot \ell)\times C_2 + \ell/\ell \times C_3 + C_4 = 0$
- $x = \ell : v'' = 0 : -k^2\cos(k\cdot \ell)\times C_1 - k^2\sin(k\cdot \ell)\times C_2 = 0$

(6.10)

前記の手順では，これらの式を解けるところから順に解いて，座屈荷重を誘導しました．一般論的に考える時は，まず，上の式を係数マトリクスで整理して解くことになります．この場合，係数マトリクスは以下のように形成されます．図6.4を対象にしています．

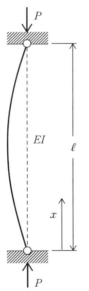

図 6.4　両端がヒンジ支承の柱
（図 6.1 再掲：p. 79）

82   6 柱の座屈の基礎理論

式 (6.10) は，以下のように表現できます．

$$\begin{pmatrix} \cos(k\cdot 0) & \sin(k\cdot 0) & 0/\ell & 1 \\ -k^2(\cos(k\cdot 0)) & -k^2\sin(k\cdot 0) & 0 & 0 \\ \cos(k\ell) & \sin(k\ell) & \ell/\ell & 1 \\ -k^2\cos(k\ell) & -k^2\sin(k\ell) & 0 & 0 \end{pmatrix} \times \begin{pmatrix} C_1 \\ C_2 \\ C_3 \\ C_4 \end{pmatrix} = \begin{pmatrix} 0 \\ 0 \\ 0 \\ 0 \end{pmatrix} \tag{6.11}$$

右辺が 0 ですので，この方程式が有意な解を持つためには，次式の成立の必要があります．

$$\det \begin{pmatrix} \cos(k\cdot 0) & \sin(k\cdot 0) & 0/\ell & 1 \\ -k^2\cos(k\cdot 0) & -k^2\sin(k\cdot 0) & 0 & 0 \\ \cos(k\ell) & \sin(k\ell) & \ell/\ell & 1 \\ -k^2\cos(k\ell) & -k^2\sin(k\ell) & 0 & 0 \end{pmatrix} = 0 \tag{6.12}$$

この式は，以下のように縮小し解を得ることができます．

$$\det\cdot \begin{pmatrix} 0 & 0 & 1 \\ \sin(k\ell) & 1 & 1 \\ -k^2\sin(k\ell) & 0 & 0 \end{pmatrix} = 0 \;\Rightarrow\; \det\cdot \begin{pmatrix} \sin(k\ell) & 1 \\ -k^2\sin(k\ell) & 0 \end{pmatrix} = 0 \tag{6.13}$$

結局，$k^2\sin(k\ell) = 0$ が得られ，$\sin(k\ell) = 0$ となり，式 (6.9b) が得られます．

6.2 1端固定1端ヒンジの柱 （図 6.5）

図を右頁に示しましたが，基本的には，両端単純支持の場合と同じになります．

モーメントが 0 になる条件がありますので，下記の 3 行まで微分式を用意しておきます．

$$v = C_1\cos(kx) + C_2\sin(kx) + C_3\cdot x/\ell + C_4$$
$$v' = -C_1 k\sin(kx) + C_2 k\cos(kx) + C_3/\ell$$
$$v'' = -C_1 k^2\cos(kx) - C_2 k^2\sin(kx)$$

境界条件：下端では，変位とたわみ角が 0，上端では，変位と曲げモーメントが 0 ということになり，次式のようになります．

　 i) $x = 0 : v = 0,\; v' = 0$

　 ii) $x = \ell : v = 0,\; v'' = 0$

これらを上記の 3 本の式代入し，結果を整理しマトリクスの作業をしますと，以下の方程式が得られます．

$$\det \begin{pmatrix} 1 & 0 & 0 & 1 \\ 0 & k & 1/\ell & 0 \\ \cos(k\ell) & \sin(k\ell) & 1 & 1 \\ \cos(k\ell) & -\sin(k\ell) & 0 & 0 \end{pmatrix} = 0 \tag{6.14}$$

これを整理しますと，最終的に以下の式まで縮小できます．

$$\det \begin{pmatrix} \cos(k\ell) - 1 & \sin(k\ell) - k\ell \\ \cos(k\ell) & \sin(k\ell) \end{pmatrix} = 0 \tag{6.15}$$

これより，$k\ell\cos(k\ell) - \sin(k\ell) = 0$ が得られます．この式を整理して，次式が得られます．

$$k\ell - \tan(k\ell) = 0$$

これは，超越方程式といわれ，以下の解が得られています．

$$k\ell \cong 4.4934\,\ell$$

よって，座屈荷重は，次式になります．

$$P_{cr} = 2.04\frac{\pi^2 EI}{\ell^2} = \frac{\pi^2 EI}{(0.7\ell)^2} \tag{6.16}$$

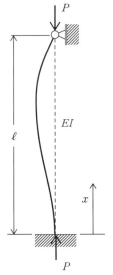

図 6.5　一端固定，一端がヒンジの柱
（図 6.2 再掲：p.79）

84   6 柱の座屈の基礎理論

6.3 両端固定の柱

ここでは，両端固定の柱（図6.6）の座屈について検討します．

前例と同じように必要な微分の計算をしておきます．

$$v = C_1\cos(kx) + C_2\sin(kx) + C_3\frac{x}{\ell} + C_4$$

$$v' = -C_1 k\sin(kx) + C_2 k\cos(kx) + \frac{C_3}{\ell}$$

境界条件は，　　$x = 0 : v = v' = 0$

$$x = \ell : v = v' = 0$$

未定係数を決める行列は以下のように表されます．

$$\det\begin{pmatrix} 1 & 0 & 0 & 1 \\ 0 & k & 1/\ell & 0 \\ \cos(k\ell) & \sin(k\ell) & 1 & 1 \\ -k\cdot\sin(k\ell) & k\cdot\cos(k\ell) & 1/\ell & 0 \end{pmatrix} = 0 \tag{6.17}$$

これを整理した結果，次式が得られます．

$$(k\cdot\cos(k\ell))(\cos(k\ell) - 1) + \sin^2(k\ell) = 0 \tag{6.18}$$

ここで，第1項と第2項が同時に0になるには，$k\ell = 2\pi,\ 4\pi,\ \cdots$ ですので，座屈荷重は

$$P_{cr} = \frac{4\pi^2 EI}{\ell^2} = \frac{\pi^2 EI}{(\ell/2)^2} \tag{6.19}$$

となります．

6.4 1端固定，1端自由の柱

この場合も，6.1～6.3と同じ手順で解を求めることができます．

異なるのは，境界条件のみです．この場合の境界条件は，以下のようになります．

$$x = 0 : v = v' = 0$$
$$x = \ell : v'' = v''' + k^2 v'$$

これを解くと，座屈荷重は，

$$P_{cr} = \frac{\pi^2 EI}{(2\ell)^2} \tag{6.20}$$

となり，下記の部材長にかける係数は，

$$K = 2$$

となります．

6.5 公式の無次元化

座屈公式は，無次元化して用いられることが多いです．例えば，

$$\frac{P_{cr}}{A} = \sigma_{cr} = \frac{1}{A}\frac{\pi^2 EI}{\ell^2} = \pi^2 E \times \left(\frac{I}{A}\right) \times \left(\frac{1}{\ell^2}\right) = \pi^2 E \cdot \left(\frac{r}{\ell}\right)^2 \tag{6.21}$$

ここで，r は断面2次半径であり，$r = \sqrt{I/A}$ です．

前出の式 (6.9b) は両端単純支持の場合の結果ですが，他の支持条件の組合せに対しては，下式のように部材長に各境界条件に対する係数をかけることにより一般式が得られます．

$$P_{cr} = \frac{\pi^2 EI}{(K\ell)^2} \tag{6.22}$$

他の支持条件に対する「K」は，

  ヒンジ端　—　ヒンジ端：$K = 1.0$

  ヒンジ端　—　固定端　：$K = 0.7$

  固定端　　—　自由端　：$K = 2.0$

  固定端　　—　固定端　：$K = 0.5$

となります．

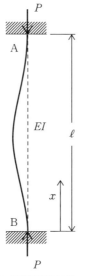

図 6.6　両端固定の柱
（図 6.3 再掲：p. 79）

6.6 照査

　トラス構造物の部材軸力の照査は，断面積で除した応力と許容応力度との比較で行われます．許容応力度は，引張軸力を受ける部材と，圧縮軸力を受ける部材で大きく異なります．

　引張部材の場合は，用いている材料，例えば鋼の降伏応力度を安全率で除した値が許容応力度として用いられ，作用応力度と許容応力度との大小関係で1つの照査基準を満足しているかどうかが判定されます．

　一方，圧縮部材は，許容応力度が部材を構成する板の局部座屈，および板から構成される集成部材の全体座屈を考慮して導かれます．

　圧縮部材の許容応力度は，道路橋示方書あるいは多数出版されている橋梁工学，鋼構造工学関連の著書に詳しく説明されているので，ここでは説明を省きます．ただ，これらの許容応力度は，両端単純支持（図6.4）の弾性座屈を基本としているので，その式を下に示します．

$$P_{CR} = \frac{\pi^2 \cdot EI}{\ell^2} \tag{6.23}$$

ここで，P_{CR}：弾性座屈荷重　　　（kN）

　　　　EI：柱の曲げ剛性．断面2次モーメントは2軸で計算されるが，両者のうち弱い方（弱軸回り）ので計算する．　　（kN·mm²）

　　　　ℓ：部材長　　　　　　（mm）

　引張材であれ，圧縮部材であれ，軸力を部材断面力で除した作用応力と許容応力度を比較して，現在仮定している断面が適切かどうか判断します．もし，作用応力度が許容応力度より大きければ，断面は修正しなければならず，逆に応力的に余裕のある断面の場合，余裕量に応じて，断面を再検討する必要がある場合があります．これらの断面再検討は，作用軸力が一定で，変わらない場合は，つまり対象のトラス構造物が静定の場合は，断面をどう変えようと初期に計算された断面力の値は変化がありません．それで，上記の手順は，それぞれの部材ごとに進めればよい話なので，それほど難しくないです．しかし，構造物が不静定のトラス構造物であれば，部材軸力は，断面積が変われば軸力も連動して変わるので，断面軸力の変動を考慮しながら，許容応力度内に入る部材断面を決定するのは，かなり困難な作業になると考えられます．

　設計上，もう1つ考慮しなければならないのは，座屈の公式を見れば気が付きますが，座屈荷重には，断面の強度（材料）は影響しません．ですから強度不足という結果が出た場合は，材料を変えても効果がなく，断面寸法により対応することになります．

〈豆知識 ③〉

荷重と反対方向に変形するトラス

図—1 に 21 部材，12 節点のトラス構造物を示しました．荷重は上部の 5 節点に同一の値 P を下向きに載荷しています．

この荷重のときの節点 B の変位に着目します．21 部材はすべて同じ断面積，同じ材料（同じヤング係数）とします．

図—1 の荷重条件の場合，構造が全体に下向きに移動し，図—2 のような変位分布図になります．図において，破線が，当初の部材軸線，実線が，荷重載荷後の部材軸線です．

節点全体が下向きに変位し，当然節点 B は下向きに移動します．

ここまでは，常識的な構造物の荷重に対する反応です．

ここで，第 9 章で説明する最適化手法の応用を試みます．

つまり，図—1 を解析した結果は，図—2 のように節点 B は下向きに変位しますが，次のように設計問題を定義します．

○ 目的関数：節点 B の上向の変位最大

○ 制約条件：なし

○ 設計変数：各部材の弾性係数（左右の対称性は考慮する）

その結果，図—3 のような変位図が得られました．B 点は，図—3 に示すように図—2 とは逆に，上向きに変位しています．

数値計算の内容については，詳しく説明していませんが，最適設計法の一つの可能性として説明しました．

詳細は，第 9 章，あるいは関連の参考書等を参考にしてください．

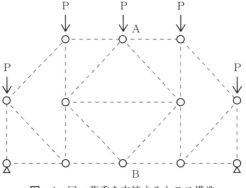

図—1　同一荷重を支持するトラス構造

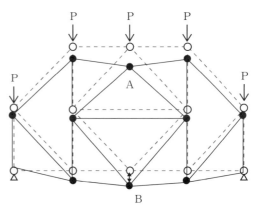

図—2　全部材がすべて同じ断面，同じ材料の場合の節点の変位図

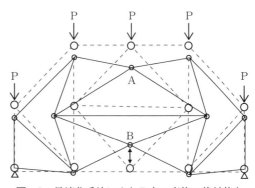

図—3　最適化手法により B 点の変位の絶対値を最大とした場合の節点の変位図

7 マトリクス構造解析[7), 8)]

　マトリクス構造解析（matrix structural analysis）あるいは有限要素法（finite element analysis）は，20世紀中頃に発表され，その後急速な発展を遂げ，現在すべての種類の構造解析の主流をなしています．汎用プログラムも多数市販されています．

　解析の内容について公開されることはほとんどなく，その出力の妥当性は，ユーザーによる入力データの精度，あるいは出力結果相互の合理性を確認して，得られた結果が正しいものと考え業務が進められます．そのため，基本的な正誤の判断は縮小したモデルを手計算でできる能力が要求されるわけです．

　ここでは，単純なモデルを使い，有限要素法の基本理論を説明することにします．

　出力された断面力あるいは変位の符号は大切です．有限要素法から得られる値が，構造力学で一般に用いられている符号の定義と異なることもあり，混乱を招くことがあります．

　本文では，出力として得られる部材内力等の符号は，構造力学で普通に定義されている正負の符号と同じになるように設定されています（p. 5，図1.6）．それは，全ての値は，部材が第1象限に置かれている事を基準とし，そこで得られた符号を正として他の象限にある部材にも適用するという考え方です．これにより出力された部材内力および変位の理解に混乱が生じないことになります．

　ここでの説明は，トラス構造物の場合のマトリクス構造解析についてなされます．改めて符号について説明も加えられています．

7.1　部材剛性マトリクス：部材 m の場合

　解析の手順としては，まず部材のレベルで，①平衡条件：外力と内力の関係，②弾性条件：内力と変形の関係，③適合条件：変形と変位の関係を示し，④内力と変位の関係，⑤外力と変位の関係が求められます．得られた各部材レベルの剛性マトリクスの要素を，構造物全体の剛性マトリクスの該当部分に重ね合わせて作成します．得られた線形連立方程式を解くことにより，各節点の変位が得られ，その後部材内力が計算されることになります．このように，節点変位が先に計算されることにより，この手法の名前として「変位法（displacement method）」と呼ばれることもあります．ここでは，最初にマ

トリクス構造解析の部材レベルの流れを説明します.

1）平衡条件 ： 外力 (P) と内力 (F) の関係で，次式で表されます.

$$(P)^{(m)} = (A)^{(m)}(F)^{(m)} \qquad (m = 1 - NM) \tag{7.1}$$

ここで，NM は部材数，$(A)^{(m)}$ は部材 m の内力と外力を関係付けるマトリクスです.

2）弾性条件 ： 内力 (F) と変形 (d) の関係で，次式で表されます.

$$(F)^{(m)} = (S)^{(m)}(d)^{(m)} \qquad (m = 1 - NM) \tag{7.2}$$

ここで，$(S)^{(m)}$ は，部材 m の変形と内力を結び付けるマトリクスです.

3）適合条件 ： 変形 (d) と変位 (D) の関係で，次式で表されます.

$$(d)^{(m)} = (A^T)^{(m)}(D)^{(m)} \qquad (m = 1 - NM) \tag{7.3}$$

4）内力と変位の関係 ： 変位 (D) が得られた時の部材内力の計算は，式 (7.3) を式 (7.2) に代入することにより，次のように得られます.

$$(F)^{(m)} = \{(S)(A^T)\}^{(m)}(D)^{(m)} \qquad (m = 1 - NM) \tag{7.4}$$

5）外力と変位の関係 ： ここで得られる部材剛性マトリクスの各要素が，全体剛性マトリクスに重ねられ，その方程式を解いて各節点の変位が得られます. それは式 (7.4) を式 (7.1) に代入して次のように導かれます.

$$(P)^{(m)} = \{(A) \cdot (S) \cdot (A)^T\}^{(m)} \cdot (D)^{(m)} = (k)^{(m)} \cdot (D)^{(m)}$$
$$(m = 1 - NM) \tag{7.5}$$

ここで，$(k)^{(m)}$ が，「部材 m の部材剛性マトリクス」になります.

7.2 各マトリクスの誘導

ここまでの説明は，一般の構造物を対象としていますが，ここからは，トラス構造物に限定して全体剛性マトリクスを導きます. まず，記号の説明を行います.

a_m ：部材 m と水平軸とがなす角度.

m ：部材番号.

i, j：部材両端の節点番号. これらのデータは，入力値となります. 1つの部材において，どちらの端部を i にするか j にするかは任意です. ただ，全体剛性マトリクスのバンド幅，および出力された部材内力の符号に影響する入力値ですので，入力値の効果を簡単な構造物の計算を通じて熟知しておくことが望まれます.

u_i, v_i：節点 i の水平，垂直方向の変位.

u_j, v_j：節点 j の水平，垂直方向の変位.

X_i, Y_i：節点 i に作用する水平，垂直方向の荷重「外力」.

X_j, Y_j：節点 j に作用する水平，垂直方向の荷重「外力」.

$X_i^{(m)}, Y_i^{(m)}$：節点 i に作用する水平，垂直方向の荷重の部材 m が分担する力.

$X_j^{(m)}, Y_j^{(m)}$：節点 j に作用する水平，垂直方向の荷重の部材 m が分担する力.

90　　7　マトリクス構造解析

以上の「変位」,「荷重」は,水平方向は右向き,垂直方向は下向きを正と定義します.

　　$D^{(m)}$：部材 m の両端 i, j における変位.

　　$d^{(m)}$：部材 m の変形.

　　$F^{(m)}$：部材 m の軸力.

　　$_T$　：転置行列であることを意味します.転置行列は,以下のように定義されます.

$$
\begin{pmatrix} a_{11} & a_{12} & a_{13} \\ a_{21} & a_{22} & a_{23} \\ a_{31} & a_{32} & a_{33} \end{pmatrix}^T = \begin{pmatrix} a_{11} & a_{21} & a_{31} \\ a_{12} & a_{22} & a_{32} \\ a_{13} & a_{23} & a_{33} \end{pmatrix}
$$

部材の傾きに対する三角関数は,次式で定義されます.

$$
\cos(a_m) = \frac{x_j - x_i}{\ell_m}, \ \ \sin(a_m) = \frac{y_j - y_i}{\ell_m} \tag{7.6}
$$

x_i, x_j, y_i, y_j：それぞれ,i 節点,j 節点の x 座標,y 座標です.

節点座標は,「x 座標」は右向き,「y 座標」は上向きを正と定義します.

　　　　ℓ_m　：部材 m の部材長

マトリクス構造解析の流れは,式 (7.1)〜(7.5) を単純化して再度書くと,以下のようになります.

(1)　平衡条件　：　外力と内力の関係　$(P)^{(m)} = (A)^{(m)}(F)^{(m)}$

(2)　弾性条件　：　内力と変形の関係　$(F)^{(m)} = (S)^{(m)}(d)^{(m)}$

(3)　適合条件　：　変形と変位の関係　$(d)^{(m)} = (A^T)^{(m)}(D)^{(m)}$

(4)　内力と変位の関係　：　(3)を(2)に代入して,$(F)^{(m)} = (S)^{(m)}(A^T)^{(m)}(D)^{(m)}$

(5)　外力と変形の関係　：　(4)を(1)に代入して,

$$
(P)^{(m)} = \{(A)^{(m)}(S)^{(m)}(A^T)^{(m)}\} \cdot (D)^{(m)} = (k)^{(m)} \cdot (D)^{(m)}
$$

$$
(k)^{(m)}：部材剛性マトリクス　(= \{(A)^{(m)}(S)^{(m)}(A^T)^{(m)}\})
$$

総ての部材剛性マトリクスが得られると,それらより全体剛性マトリクスが作成され,荷重系が与えられて解析が進むことになります.

次に,部材剛性マトリクスから全体剛性マトリクスを作る過程を説明します.

まず,個々のマトリクスの内容を以下に説明します.

⑴　平衡条件（外力（$(P)^{(m)}$）と内力（$(F)^{(m)}$）の関係）

図 7.1 に第 1 象限にある部材 m に作用する力の関係を示しました.両端の節点番号は i, j とします.これより以下の式が得られます.

i 点　　$X_i^{(m)} + F^{(m)} \cdot \cos(a_m) = 0$

　　　　$Y_i^{(m)} - F^{(m)} \cdot \sin(a_m) = 0$

j 点　　$X_j^{(m)} - F^{(m)} \cdot \cos(a_m) = 0$ 　　　　　　　(7.7)

　　　　$Y_j^{(m)} + F^{(m)} \cdot \sin(a_m) = 0$

これらの関係式を，マトリクスとしてまとめると，以下のようになります．

$$\begin{pmatrix} X_i \\ Y_i \\ X_j \\ Y_j \end{pmatrix}^{(m)} = \begin{pmatrix} -\cos a_m \\ \sin a_m \\ \cos a_m \\ -\sin a_m \end{pmatrix} \cdot (F)^{(m)} \tag{7.8a}$$

つまり，$(P)^{(m)} = (A)^{(m)}(F)^{(m)}$ (7.8b)

$$(A)^{(m)} = \begin{pmatrix} -\cos a_m \\ \sin a_m \\ \cos a_m \\ -\sin a_m \end{pmatrix} \tag{7.8c}$$

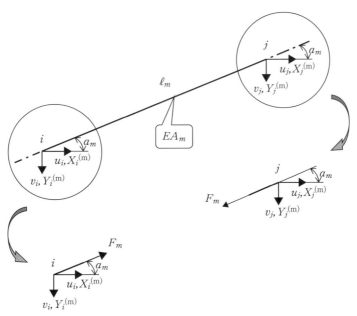

図 7.1 外力と内力の関係

⑵ 弾性条件（内力と変形の関係）

軸力部材の弾性条件は，軸力部材の伸びと荷重の関係ですので，以下のように得られます．

$$(F)^{(m)} = \frac{E \cdot A_m}{\ell_m} \cdot \delta^{(m)} \tag{7.9}$$

⑶ 適合条件（変形と変位の関係）

図7.2に示す関係より，部材の伸び（変形）と変位の関係は次式で表されます．

$$\delta^{(m)} = -u_i \cdot \cos(a_m) + v_i \cdot \sin(a_m) + u_j \cdot \cos(a_m) - v_j \cdot \sin(a_m) \tag{7.10}$$

これをマトリクス表示することにより，次式が得られます．

$$\delta^{(m)} = (-\cos a_m \quad \sin a_m \quad \cos a_m \quad -\sin a_m) \cdot \begin{pmatrix} u_i \\ v_i \\ u_j \\ v_j \end{pmatrix}^{(m)} \tag{7.11a}$$

つまり，

$$(\delta)^{(m)} = (A^T)^{(m)}(D)^{(m)} \tag{7.11b}$$

$$(D)^{(m)} = \begin{pmatrix} u_i \\ v_i \\ u_j \\ v_j \end{pmatrix}^{(m)} \tag{7.11c}$$

⑷ 内力と変位の関係

マトリクス構造解析では，一般に変位が先に得られて，その結果を用いて部材内力を求めることになります．以下の式は，変位が求まった後の内力の計算法を示します．

式（7.10）を式（7.9）に代入して，変位が求まると内力を計算できる式が得られます．

$$(F)^{(m)} = \frac{E \cdot A_m}{\ell_m} \cdot (-\cos a_m \quad \sin a_m \quad \cos a_m \quad -\sin a_m) \cdot \begin{pmatrix} u_i \\ v_i \\ u_j \\ v_j \end{pmatrix}^{(m)} \tag{7.12}$$

⑸ 外力と変位の関係

式（7.8a）に式（7.12）に代入することにより，以下の部材剛性マトリクスを誘導することができます．

$$\begin{pmatrix} X_i \\ Y_i \\ X_j \\ Y_j \end{pmatrix}^{(m)} = \begin{pmatrix} -\cos a_m \\ \sin a_m \\ \cos a_m \\ -\sin a_m \end{pmatrix} \cdot \frac{E \cdot A_m}{\ell_m} \cdot (-\cos a_m \quad \sin a_m \quad \cos a_m \quad -\sin a_m) \cdot \begin{pmatrix} u_i \\ v_i \\ u_j \\ v_j \end{pmatrix}^{(m)}$$

これより，

$$\begin{pmatrix} X_i \\ Y_i \\ X_j \\ Y_j \end{pmatrix}^{(m)} = \frac{E \cdot A_m}{\ell_m} \begin{pmatrix} \cos^2 a_m & -\cos a_m \cdot \sin a_m & -\cos^2 a_m & \cos a_m \cdot \sin a_m \\ -\cos a_m \cdot \sin a_m & \sin^2 a_m & \cos a_m \cdot \sin a_m & -\sin^2 a_m \\ -\cos^2 a_m & \cos a_m \cdot \sin a_m & \cos^2 a_m & -\cos a_m \cdot \sin a_m \\ \cos a_m \cdot \sin a_m & -\sin^2 a_m & -\cos a_m \cdot \sin a_m & \sin^2 a_m \end{pmatrix} \cdot \begin{pmatrix} u_i \\ v_i \\ u_j \\ v_j \end{pmatrix}^{(m)}$$

(7.13)

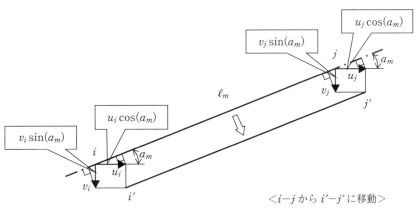

<$i-j$ から $i'-j'$ に移動>

図 7.2　変形と変位の関係

94　　7　マトリクス構造解析

全ての部材の部材剛性マトリクスより，全体剛性マトリクスを作ることができます．説明のために，式 (7.13) の部材剛性マトリクスを以下のように簡略化して表現します．

$$
\begin{pmatrix} X_i \\ Y_i \\ X_j \\ Y_j \end{pmatrix}^{(m)} = \begin{pmatrix} k_{11} & k_{12} & k_{13} & k_{14} \\ k_{21} & k_{22} & k_{23} & k_{24} \\ k_{31} & k_{32} & k_{33} & k_{34} \\ k_{41} & k_{42} & k_{43} & k_{44} \end{pmatrix} \cdot \begin{pmatrix} u_i \\ v_i \\ u_j \\ v_j \end{pmatrix}^{(m)} \tag{7.14}
$$

最初は空の全体剛性マトリクスに，式 (7.14) をすべての部材について作成し，順に全体剛性マトリクスに代入することにより，構造解析に必要な最終の方程式が次式のように得られます．

$$
(K) \cdot (D) = (P) \tag{7.15}
$$

ここで，(K)：全体剛性マトリクス

　　　　(D)：変位マトリクス

　　　　(P)：荷重マトリクス

7.3　全体剛性マトリクス作成の事例

式 (7.15) までの展開は，特に構造系を限定した場合ではありません．どのような構造系であっても，全体剛性マトリクスの作成が重要になります．そこで，全体剛性マトリクスの作成について，トラス構造について具体的に説明をします．

事例として，図 7.3 に示す 9 節点，15 部材の平行弦ワーレントラスを取り上げます．白丸が節点番号であり，白抜きの黒丸が部材番号です．節点数は 9 であり，トラス構造ですので，すべて曲げを考慮しない部材（軸力部材）から構成されています．最初に支点の移動可能性を考慮して，全体剛性マトリクスの枠組み，つまり自由度総数を求めます．すべての節点が移動可能であれば，自由度総数は $9 \times 2 = 18$ 自由度を持つ構造です．しかし左支点がヒンジですので水平，垂直の 2 方向の移動が拘束されます．また，右支点はローラーですので，垂直方向の移動が拘束されます．結局，解析のための自由度は $18 - 3 = 15$ となり，全体剛性マトリクスは 15×15 のマトリクスになります．このマトリクスは最初は空で，部材の順に部材剛性マトリクスを作成し，空のマトリクスに上から重ね合わせていきます．その手順を以下に説明します．

すべての節点の座標と移動可能の可否，および各部材の両端の節点番号が入力データになります．各節点の自由度の番号は，拘束されていない自由度方向を節点番号順に，x 方向，y 方向の順に設定されます．節点 1 は，x，y 両方向が拘束されていますので，自由度は与えられません．節点 2 は，x，y 両方向に移動可能ですので，自由度 1 と 2 が与えられます．表 7.1 参照以下，節点 3 から節点 8 まで順に 3～14 までの自由度が与えられます．最後に節点 9 は，y 方向の移動が拘束されますので，x 方向のみに自由度番号 15 が与えられます．以上の結果が表 7.1 に示されています．

表 7.2 には，各部材ごとに部材番号と両端の節点番号が示されています．部材番号の

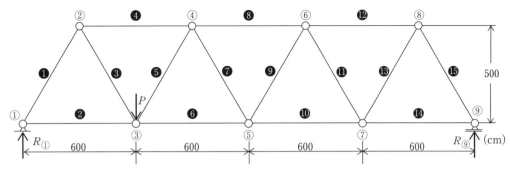

図 7.3 9 節点,15 部材の平行弦ワーレントラスの事例

表 7.1 節点番号と 2 方向の自由度

節点番号	自由度 x-方向	自由度 y-方向	座標 x	座標 y
1	—	—	0	0
2	1	2	300	500
3	3	4	600	0
4	5	6	900	500
5	7	8	1200	0
6	9	10	1500	500
7	11	12	1800	0
8	13	14	2100	500
9	15	—	2400	0

(cm)

表 7.2 部材と全体剛性マトリクスの対応

部材番号	両端の節点番号 i-端	両端の節点番号 j-端	部材両端の自由度番号 i-端		部材両端の自由度番号 j-端	
❶	①	②	—	—	1	2
❷	①	③	—	—	3	4
❸	②	③	1	2	3	4
……						
❽	④	⑥	5	6	9	10
❾	⑤	⑥	7	8	9	10
……						
⓭	⑦	⑧	11	12	13	14
⓮	⑦	⑨	11	12	15	—
⓯	⑧	⑨	13	14	15	—

96　7　マトリクス構造解析

両端の節点番号は，入力値です．部材❶の両端の節点番号は，①，②となっていますが，逆にしても問題ありません．大事なことは，出力値の部材断面力の符号は，i-端を左に，j-端を右においた場合の，普通の構造力学のテキストに書かれている断面力の正負と同じになるという点です．例えば，i-端，j-端の断面力としての曲げモーメントは，i-端であれば，時計回りが正となり，j-端であれば，反時計回りが正となります．この関係は，部材が垂直であっても，傾いていても，i-端，j-端の関係がすべてに適用されます．

部材剛性マトリクスの部材と節点番号の関係から，全体剛性マトリクスのどこに重ね合わせるべきかという情報が得られます．式 (7.14) より，各部材の部材剛性マトリクスは 4×4 のマトリクスですが，一つの節点には，連続した数値が与えられるので，下記のように 2×2 の4ブロック（Ⅰ）〜（Ⅳ）が一つの単位として重ね合わされます．

$$
\begin{matrix}
（Ⅰ） \\ \\ （Ⅱ）
\end{matrix}
\left(
\begin{array}{cc|cc}
k_{11} & k_{12} & k_{13} & k_{14} \\
k_{21} & k_{22} & k_{23} & k_{24} \\
\hline
k_{31} & k_{32} & k_{33} & k_{34} \\
k_{41} & k_{42} & k_{43} & k_{44}
\end{array}
\right)
\begin{matrix}
 \\ （Ⅲ） \\ \\ （Ⅳ）
\end{matrix}
\tag{7.16}
$$

重ね合わせは部材の順に行われます．この例の場合，部材❶から始まりますが，表7.1（前ページ）に示すように部材❶の節点①は自由度がないので，次の部材❷に作業が移ります．部材剛性マトリクスは，4×4 のマトリクスですが，i 端，j 端の関係では，分離して重ね合わせます．そのとき，4×4 のマトリクスは，2×2 のマトリクスに分割され，それぞれがまとまって重ね合わせられます．部材❷は節点番号①—③です．節点①は自由度を持たないので，節点③に対応する自由度 3，4 の行列に重ね合わせます．具体的な事例として部材❽と❾の場合を示します．部材❽の場合は，すでに部材❼までの処理は終わっていますが，ここでは，部材❽と❾に限って説明します．部材❽の例を図 7.4 に示しました．部材❽は表 7.2（前ページ）に示すように，自由度 5，6，9，10 に対応しますので，4 分割された部分マトリクスが図 7.4 に示すように，それぞれ対応する場所に重ね合わされています．次に部材❾に移ります．部材❾は，表7.2（前ページ）より自由度 7，8，9，10 に対応しますので，図 7.5 に示すように，自由度 7，8，9，10 に重ね合わせられ，この場合，自由度 9，10 では，すでに代入されているように，部材❽の要素に加えられています．

このような操作が全部材について適応された結果，式 (7.15) の (K) マトリクスが完成します．

	1	2	3	4	5	6	7	8	9	10	11	12	13	14	15
1															
2															
3															
4															
5					$a_{11}^{(8)}$	$a_{12}^{(8)}$			$a_{13}^{(8)}$	$a_{14}^{(8)}$					
6					$a_{21}^{(8)}$	$a_{22}^{(8)}$			$a_{23}^{(8)}$	$a_{24}^{(8)}$					
7															
8															
9					$a_{31}^{(8)}$	$a_{32}^{(8)}$			$a_{33}^{(8)}$	$a_{34}^{(8)}$					
10					$a_{41}^{(8)}$	$a_{42}^{(8)}$			$a_{43}^{(8)}$	$a_{44}^{(8)}$					
11															
12															
13															
14															
15															

図7.4　全体剛性マトリクスに部材❽の部材剛性マトリクスの値を重ね合わせる図

	1	2	3	4	5	6	7	8	9	10	11	12	13	14	15
1															
2															
3															
4															
5					$a_{11}^{(8)}$	$a_{12}^{(8)}$	$a_{11}^{(9)}$	$a_{12}^{(9)}$	$a_{13}^{(8)} + a_{13}^{(9)}$	$a_{14}^{(8)} + a_{14}^{(9)}$					
6					$a_{21}^{(8)}$	$a_{22}^{(8)}$	$a_{21}^{(9)}$	$a_{22}^{(9)}$	$a_{23}^{(8)} + a_{23}^{(9)}$	$a_{24}^{(8)} + a_{24}^{(9)}$					
7															
8															
9					$a_{31}^{(8)}$	$a_{32}^{(8)}$	$a_{31}^{(9)}$	$a_{32}^{(9)}$	$a_{33}^{(8)} + a_{33}^{(9)}$	$a_{34}^{(8)} + a_{34}^{(9)}$					
10					$a_{41}^{(8)}$	$a_{42}^{(8)}$	$a_{41}^{(9)}$	$a_{42}^{(9)}$	$a_{43}^{(8)} + a_{43}^{(9)}$	$a_{44}^{(8)} + a_{44}^{(9)}$					
11															
12															
13															
14															
15															

図7.5　全体剛性マトリクスに部材❽および部材❾の部材剛性マトリクスの値を重ね合わせる図

98　7　マトリクス構造解析

7.4　全体剛性マトリクスの解法

式 (7.15) を再掲すると以下のようになります.

$$(K) \cdot (D) = (P) \tag{7.17}$$

$$(K) = \begin{pmatrix} k_{11} & k_{12} & \cdot & k_{1n} \\ k_{21} & k_{22} & \cdot & k_{2n} \\ \cdot & \cdot & \cdot & \cdot \\ k_{n1} & k_{n2} & \cdot & k_{nn} \end{pmatrix}, \quad (D) = \begin{pmatrix} d_1 \\ d_2 \\ \cdot \\ d_n \end{pmatrix}, \quad (P) = \begin{pmatrix} p_1 \\ p_2 \\ \cdot \\ p_n \end{pmatrix}$$

　構造解析は,結局 n 次元の連立方程式を解く問題になります.解析の効率は,この方程式をどうとるかにかかってきます.

　ここでは,式 (7.17) の解法として,コレスキー分解 (Cholesky decomposition) を説明します.

　① 第1段階 (三角分解:triangle matrices)

　コレスキーの方法では,上記のマトリクス (K) を3に分けて解析がすすめられます.つまり,

$$(K) = (L)(S)(U) \tag{7.18}$$

ここで,

$$(L) = \begin{pmatrix} 1 & 0 & 0 & 0 \\ \ell_{21} & 1 & 0 & 0 \\ \cdot & \cdot & \cdot & \cdot \\ \ell_{n1} & \ell_{n2} & \cdot & 1 \end{pmatrix}, \quad (S) = \begin{pmatrix} s_1 & 0 & \cdot & 0 \\ 0 & s_2 & \cdot & 0 \\ \cdot & \cdot & \cdot & \cdot \\ 0 & 0 & \cdot & s_n \end{pmatrix}, \quad (U) = \begin{pmatrix} 1 & u_{12} & \cdot & u_{1n} \\ 0 & 1 & \cdot & u_{2n} \\ \cdot & \cdot & \cdot & \cdot \\ 0 & 0 & \cdot & 1 \end{pmatrix}$$

　式 (7.18) の (K) を式 (7.17) に代入すると,

$$(L)(S)(U)(D) = (P) \tag{7.19}$$

$$(Y) = (S)(U)(D) \text{ と置くと,式 (7.17) は,} \tag{7.20}$$

$$(L) \cdot (Y) = (P) \tag{7.21}$$

となります.次に第2段階 (前進消去) に移ります.

　② 第2段階 (前進消去:forward substitution)

　式 (7.19) は次のように展開できます.

$$(L) \cdot (Y) = (P)$$

を解いて (Y) を得ます.

$$\begin{pmatrix} 1 & 0 & \cdot & 0 \\ \ell_{21} & 1 & \cdot & 0 \\ \cdot & \cdot & \cdot & \cdot \\ \ell_{n1} & \ell_{n2} & \cdot & 1 \end{pmatrix} \begin{pmatrix} y_1 \\ y_2 \\ \cdot \\ y_n \end{pmatrix} = \begin{pmatrix} p_1 \\ p_2 \\ \cdot \\ p_n \end{pmatrix} \tag{7.22}$$

　この関係より,y_1 から順に y_i $(i = 1 \sim n)$ が求まります.

$$y_1 = p_1$$

$$y_2 = p_2 - \ell_{21} \cdot y_1$$

$$y_3 = p_3 - \ell_{31} \cdot y_1 - \ell_{32} \cdot y_2$$

....

③ 第3段階（後退代入：backward substitution）

第2段階で，$y_i \ (i = 1 \sim n)$ が求まりましたので，式 (7.20) より

$$(S)(U)(D) = (Y)$$

つまり，

$$(U)(D) = (S)^{-1}(Y)$$

$$\begin{pmatrix} 1 & u_{12} & \cdot & u_{1n} \\ 0 & 1 & \cdot & u_{2n} \\ \cdot & \cdot & \cdot & \cdot \\ 0 & 0 & \cdot & 1 \end{pmatrix} \cdot \begin{pmatrix} d_1 \\ d_2 \\ \cdot \\ d_n \end{pmatrix} = \begin{pmatrix} s_1^{-1} \cdot y_1 \\ s_2^{-1} \cdot y_2 \\ \cdot \\ s_n^{-1} \cdot y_n \end{pmatrix} \tag{7.23}$$

$$d_n = s_n^{-1} \cdot y_n$$

$$d_{n-1} = s_{n-1}^{-1} \cdot y_{n-1} - u_{n-1n} \cdot d_n$$

....

というプロセスで方程式の解を求めることができます．

7.5 骨組構造物の解析のための入力データと結果の照査

骨組構造物の計算は，一般に汎用プログラムがあり，必要なデータのセットで計算結果は自動的に出力されます．

ここでは，簡単な骨組構造物を例として取り上げ，データの例，および計算結果より計算が正しく行われたかどうかの判断を説明します．

(1) 計算対象の骨組構造物

図7.6の骨組構造物を対象とします．

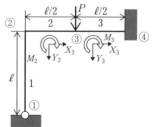

図7.6 骨組構造物

① 最初に，対象とする構造物の基本データを入力します．

節点数，部材数，及び荷重条件数です．最後の出力レベルは，今回は関係ありません．

表7.3 基本データ

節点数 (NJ)	部材数 (NM)	荷重条件数 (NLC)	出力レベル (*)
4	3	1	(*)

② 節点データ

ここでは，各節点の座標と拘束条件が入力されます．節点が移動できる方向の数を自由度といいますが，0なら移動可能，1なら拘束となります．右の表は，節点数がnまであることを想定しています．もちろんこの問題は$n=4$ということになります．

表7.4 節点データ

番号	x座標	y座標	拘束条件 x	y	r
①	0	0	1	1	1
②	0	ℓ	0	0	0
③	$\ell/2$	ℓ	0	0	0
④	ℓ	ℓ	1	1	1
⋯					
ⓝ-1					
ⓝ					

③ 部材データ

部材データを表7.5に示しました．各部材ごとに両端の節点番号と両端の支持条件から，部材の種類が入力されます．ここも部材数がmであることを想定しています．

表7.5 部材データ

番号	iの節点番号	jの節点番号	部材の種類	断面積	断面2次モーメント
1	①	②	2		
2	②	③	1		
3	③	④	1		
⋯					
ⓜ-1					
ⓜ					

7.5　骨組構造物の解析のための入力データと結果の照査　*101*

　表7.5において部材の種類2はi点がヒンジでモーメントを伝達しない節点を有する部材，部材の種類1は，i点もj点もモーメントを伝達する節点を有する部材を意味します．

④　荷重データ

　載荷さる荷重のデータが入力されます．この例では，節点③のy方向にPが載荷されます．ここでは，荷重条件数がNLC（number of loading conditions）あることを想定しています．

表7.6　荷重データ

荷重番号	載荷点	荷重の方向		
		x	y	r
1	③	0	P	0

....

NLC				

⑵　解析手順

　ここで，具体的に解析結果の照査をし，解析手順が正しかったかどうかを検証します．

表7.6　節点の座標

節点	x	y
①	0	0
②	0	ℓ
③	$\ell/2$	ℓ
④	ℓ	ℓ

表7.7　部材3の部材剛性マトリクス

$$\begin{pmatrix} X_3 \\ Y_3 \\ M_3 \end{pmatrix}^{(3)} = \frac{E}{\ell^3}\begin{pmatrix} 2\ell^2 A & 0 & 0 \\ 0 & 96I & 24\ell I \\ 0 & 24\ell I & 8\ell^2 I \end{pmatrix}\begin{pmatrix} u_3 \\ v_3 \\ \beta_3 \end{pmatrix}$$

表7.8　部材1の部材剛性マトリクス

$$\begin{pmatrix} X_2 \\ Y_2 \\ M_2 \end{pmatrix}^{(1)} = \frac{E}{\ell^3}\begin{pmatrix} 3I & 0 & -3\ell I \\ 0 & \ell^2 A & 0 \\ -3\ell I & 0 & 3\ell^2 I \end{pmatrix}\begin{pmatrix} u_2 \\ v_2 \\ \beta_2 \end{pmatrix}$$

表7.9　部材3の部材剛性マトリクス

$$\begin{pmatrix} X_3 \\ Y_3 \\ M_3 \end{pmatrix}^{(3)} = \frac{E}{\ell^3}\begin{pmatrix} 2\ell^2 A & 0 & 0 \\ 0 & 96I & 24\ell I \\ 0 & 24\ell I & 8\ell^2 I \end{pmatrix}\begin{pmatrix} u_3 \\ v_3 \\ \beta_3 \end{pmatrix}$$

　表7.7〜7.9より次の剛性マトリクスが得られます（次頁）．

102　　7　マトリクス構造解析

$$\frac{E}{\ell^3}\begin{pmatrix} 2\ell^2 A + 3I & 0 & -3\ell I & -2\ell^2 A & 0 & 0 \\ 0 & \ell^2 A + 96I & 24\ell I & 0 & -96I & 24\ell I \\ -3\ell I & 24\ell I & 11\ell^2 I & 0 & -24\ell I & 4\ell^2 I \\ -2\ell^2 A & 0 & 0 & 4\ell^2 A & 0 & 0 \\ 0 & -96I & -24\ell I & 0 & 192I & 0 \\ 0 & 24\ell I & 4\ell^2 I & 0 & 0 & 16\ell^2 I \end{pmatrix}\begin{pmatrix} u_2 \\ v_2 \\ \beta_2 \\ u_3 \\ v_3 \\ \beta_3 \end{pmatrix} = \begin{pmatrix} X_2 \\ Y_2 \\ M_2 \\ X_3 \\ Y_3 \\ M_3 \end{pmatrix}$$

$$= \begin{pmatrix} 0 \\ 0 \\ 0 \\ 0 \\ P \\ 0 \end{pmatrix}$$

　上式が得られました．これを解いて変位が得られます．そのときに，この構造では，軸方向の変形は無視できるので，$u_2 = v_2 = u_3 = 0$ と仮定できます．結局，次式が最終的な剛性方程式となります．

$$\begin{pmatrix} 11\ell^2 I & -24\ell I & 4\ell^2 I \\ -24\ell I & 192I & 0 \\ 4\ell^2 I & 0 & 16\ell \end{pmatrix}\begin{pmatrix} \beta_2 \\ v_3 \\ \beta_3 \end{pmatrix} = \begin{pmatrix} 0 \\ \dfrac{P\ell^3}{E} \\ 0 \end{pmatrix}$$

　上式の 3 元連立方程式を解くことにより以下のように変位を求めることができます．

$$\beta_2 = \frac{12}{672}\cdot\frac{P\ell^2}{EI},\ \ v_3 = \frac{5}{672}\cdot\frac{P\ell^3}{EI},\ \ \beta_3 = -\frac{3}{672}\cdot\frac{P\ell^2}{EI}$$

　これより，部材 2 と 3 に作用している曲げモーメントを得ることができます．

$$\begin{pmatrix} M_3{}^* \\ M_4{}^* \end{pmatrix}^{(3)} = \frac{4E}{\ell^2}\begin{pmatrix} 6I & 2\ell I \\ -6I & -\ell I \end{pmatrix}\begin{pmatrix} v_3 \\ \beta_3 \end{pmatrix} = \frac{4EI}{\ell^2}\begin{pmatrix} 6 & 2\ell \\ -6 & -\ell \end{pmatrix}\frac{P\ell^2}{672EI}\begin{pmatrix} 5\ell \\ -3 \end{pmatrix} = \begin{pmatrix} 8 \\ -9 \end{pmatrix}$$

$$\begin{pmatrix} M_2{}^* \\ M_3{}^* \end{pmatrix}^{(2)} = \frac{4E}{\ell^2}\begin{pmatrix} 2\ell I & -6I & \ell I \\ -\ell I & 6I & -2\ell I \end{pmatrix}\begin{pmatrix} \beta_2 \\ v_3 \\ \beta_3 \end{pmatrix} = \frac{4E}{\ell^2}\begin{pmatrix} 2\ell I & -6I & \ell I \\ -\ell I & 6I & -2\ell I \end{pmatrix}\begin{pmatrix} \beta_2 \\ v_3 \\ \beta_3 \end{pmatrix}$$

$$= \frac{4EI}{\ell^2}\begin{pmatrix} 2\ell & -6 & \ell \\ -\ell & 6 & -2\ell \end{pmatrix}\frac{P\ell^2}{672EI}\begin{pmatrix} 12 \\ 5\ell \\ -3 \end{pmatrix} = \frac{P\ell}{56}\begin{pmatrix} -3 \\ 8 \end{pmatrix}$$

　上式で，上付の [*] は内力を意味します．
　さらに以下のようにせん断力が求まります．

$$S_2 = \frac{M_{23} - M_{22}}{\ell/2} = \frac{\ell}{2}\left(\frac{8}{56}P\ell - \left(-\frac{3}{56}P\ell\right)\right) = \frac{11}{28}P$$

$$S_3 = \frac{M_{34} - M_{33}}{\ell/2} = \frac{2}{\ell}\left(-\frac{9}{56}P\ell - \frac{8}{56}P\ell\right) = -\frac{17}{28}P$$

　ここで，以上の解析が正しかったどうかを検証します．どこか 1 箇所を取り上げ，そこで力の釣合い条件が満足していれば，全体の解析も正しかったと判定することができ

ます．その時，あえて複雑な部分の力の釣合いを検討する必要がなく，手計算で簡単に照査できる節点で検討すればよいです．この場合，節点③での力の関係を検討します．

$$S_{23} = \frac{11}{28}P, \ S_{33} = -\frac{17}{28}P$$

$$S_{23} + S_{33} + P = \frac{11}{28}P - \left(-\frac{17}{28}\right)P - P = 0$$

力の釣合い条件は満足されていますので，この解析は正しかったと主張することができます．

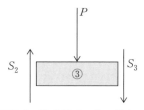

図 7.7 節点③での力の釣合い

どこか1箇所でも出力結果の力の釣り合いが取れなければ，プログラム，あるいは入力データの不備が予想されます．入力データの場合は，節点の座標，部材両端の節点番号の矛盾などが考えられます．また，使う数字の単位なども関係することがあります．

8 耐震性能照査

8.1 はじめに

　地震は，地盤を介して地上の構造物に振動を与えます．その振動によって構造物は損傷し，時として大きな被害をもたらすことになるため，地震国日本では，耐震設計は最も重要な設計行為です．本章では，耐震に関して必要となる基礎的事項を概説します．

8.2 構造物の振動

⑴　地震による構造物の応答

　地震は，地盤を介して地上の構造物に振動を与えるため，地震により地盤が振動した結果として構造物に振動が生じることになります（図 8.1）．そのため，耐震設計は，振動問題として扱う必要があります．また，地震は，振動であることから動的な問題として認識しておく必要があります．

　地震が地盤を介して地表面に到達した状態での，構造物の動的応答の推定方法を説明します．問題を簡単にするために構造物を 1 質点 1 自由度のモデルに置換すると，地震による動的応答は，質量，ダンパー（減衰要素），バネによって構成される運動方程式によって表され，減衰自由振動とよばれる振動となります（図 8.2a）．

$$m\ddot{x} + c\dot{x} + kx = 0 \tag{8.1}$$

　ここで，

$\ddot{x}\ (= d^2x/dt^2)$：地震動の加速度

$\quad m\quad$：質量

$\quad c\quad$：粘性減衰係数

$\quad k\quad$：復元力係数（構造物の剛性）

$\quad x\quad$：質点の変位

$\quad m\ddot{x}\quad$：質点の慣性力

$\quad c\dot{x}\quad$：粘性抵抗力，速度の逆方向に，振動を減少しようとする力

$\quad kx\quad$：構造物の復元力，元の位置に戻ろうとする力

8.2 構造物の振動

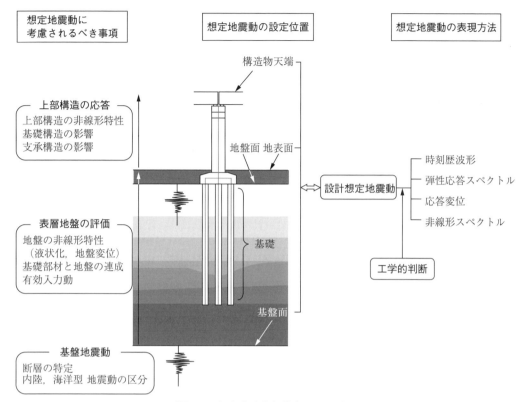

図 8.1 想定地震動と考慮される要因

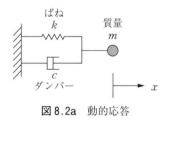

図 8.2a 動的応答

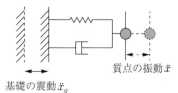

図 8.2b 動的応答（地震時）

図 8.2a, b 1質点モデル

106   8   耐震性能照査

また，式 (8.1) を加速度を単位として表すと，式 (8.2) のようになり物理学の振動論が背景にあることがわかります．

$$\ddot{x} + 2h\omega_0\dot{x} + \omega_0{}^2x = P/m \tag{8.2}$$

ここで，ω_0：固有円振動数 $\left(= \sqrt{(k/m)}\right)$

　　　　h：減衰定数 $\left(= \dfrac{c}{2\sqrt{mk}}\right)$

構造物の耐震設計では，固有周期 T（単位：秒）が多く用いられており，振動論で用いられる固有円振動数 ω_0 や固有振動数 f との関係は，以下のとおりです．

$$T = 2\pi\sqrt{\frac{m}{k}} \tag{8.3}$$

$$T = \frac{1}{f} = \frac{2\pi}{\omega_0}$$

ところで，地震時の応答は，構造物の基礎（図 8.2a：前ページ）が加速度（$\ddot{x}_g$）を受けて振動する（図 8.2b：前ページ）ことになります．そのため，質点には $\ddot{x} + \ddot{x}_g$ の加速度が生じます．

したがって，運動方程式 (8.1) は，式 (8.4) となります．

$$m(\ddot{x} + \ddot{x}_g) + c\dot{x} + kx = 0 \tag{8.4}$$

構造物の基礎が受ける加速度の影響を右辺に移項すると，式 (8.5) になります．

$$m\ddot{x} + c\dot{x} + kx = -m\ddot{x}_g \tag{8.5}$$

これは，慣性力 $-m\ddot{x}_g$ なる力が作用しているように見ることもでき，耐震設計で，構造物の基礎に作用する地震動を，地盤や構造物の特性に応じて静的な力に変換して構造物に作用させて設計する震度法の背景が見えます．

鉄筋コンクリート構造物に力が作用すると，ひび割れ，鉄筋降伏，コンクリートの圧壊などが生じ，力と変形の関係は非線形になります（図 8.3）．すなわち，式 (8.5) における復元力 kx は，非線形となり複雑になります．復元力を変位の関数 $P(x)$ で表すと，式 (8.5) は，式 (8.6) となります．

$$m\ddot{x} + c\dot{x} + P(x) = -m\ddot{x}_g \tag{8.6}$$

ここで，$P(x)$：復元力で変位の関数

すなわち，地震による構造物の応答を精度よく算定するためには，構造物の非線形性（復元力）を，より正しくモデル化することが重要となることがわかります．

構造物の非線形性は，鋼構造，鉄筋コンクリート構造，鋼とコンクリートの複合構造によっても異なり，かつ，それぞれ構造詳細によっても異なるのでやっかいです．

構造物の復元力は，構造それぞれの専門的分野の知見が必要になります．

本章では，この点については，鉄筋コンクリート構造について記述しています．

(2) 数値解析法

地震波は，不規則であるため，加速度などの波形を微小時間に分割し，その分割時間ごとに数値を求めることになります．一般には，線形加速度法，Wilson の θ 法，Newmark-β 法などの，直接積分法が用いられます．その中でも用いられることが多いのが，Newmark-β 法です．

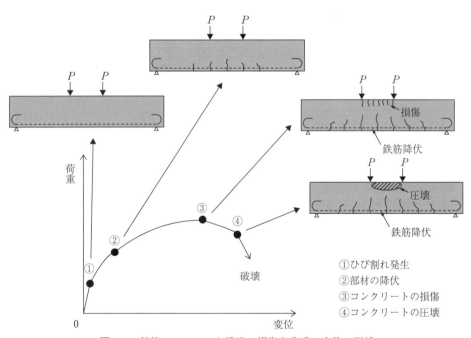

図 8.3 鉄筋コンクリート構造の損傷と荷重—変位の関係

108   8 耐震性能照査

　これらの方法の詳細は専門書に譲りますが，近年のコンピューターの能力向上によって，地震波の時間刻みを小さくすることによる計算時間への影響は極めて小さいため，計算時間などの短縮を目的とした数値計算方法の選択に意味はないことに留意してください．

⑶　応答スペクトル

　応答スペクトルは，地表面の加速度波形を入力して，構造物の固有周期と減衰定数に対して，絶対最大加速度の最大値を計算して，固有周期ごとにプロットしたものです．

　応答スペクトルは，1質点系の応答解析から求めることができます．

　応答スペクトルを求める場合には，いろいろな固有周期に対する応答を求めなければならないので，式 (8.5) の m, c, k を変えた計算を数多く行って，それぞれの固有周期に対する最大応答値を求めることになります．

　地震動の応答スペクトルの一例を図 8.4a～c に示します．

8.2 構造物の振動　109

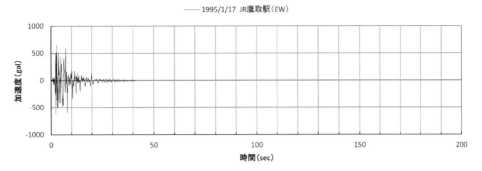

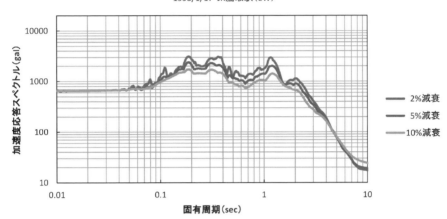

図 8.4a　兵庫県南部地震（内陸型地震動）の応答スペクトル

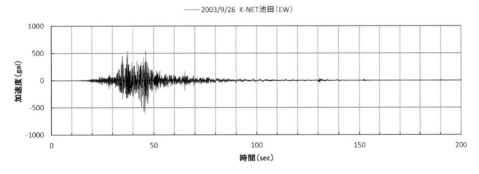

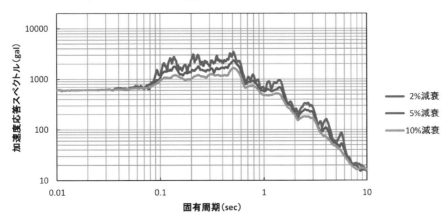

図 8.4b　十勝沖地震（海洋型地震動）の応答スペクトル

110   8 耐震性能照査

　この応答スペクトルは，兵庫県南部地震，十勝沖地震，東北地方太平洋沖地震で観測された地震波を用いてそれぞれ作成したものです．

　これによると，周期によって応答加速度が異なることがわかります．これが，耐震設計では最も重要な点です．構造物を例に考えると，構造物の高さが異なり剛性が異なる場合，支えている質量が異なる場合などで，それぞれ構造物の周期が異なるので，地震による動的な応答が異なることになり，静的問題として考えれば，構造物によって作用する荷重が異なることと同じなのです．

　なお，図8.4a〜cに示すように，地震の波によっても，固有周期と加速度応答の関係は異なることがわかります．したがって，耐震設計では，ある特定の地震動についてのみ検討するだけでは不十分であり，生じ得る多様な地震動を想定することが重要であることに留意しなければなりません．

　したがって，構造物の周期に影響を及ぼす剛性や質量などの構造物の特性を把握しておくことは，最も重要です．また，地震は地盤を伝搬して地表面に到達するため，地盤の状態（剛性の違い）によっても地震動の影響は異なることになります．そのため，耐震設計では，地盤と構造物の両者の特性を考慮する必要があります．

　言い換えれば，耐震設計は，地震動，地盤，構造物の動的相互作用を解く問題となります．

8.2 構造物の振動　111

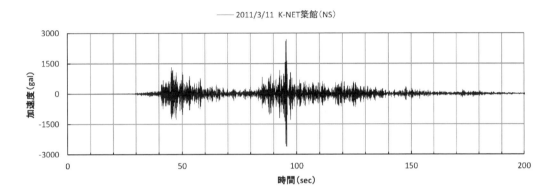

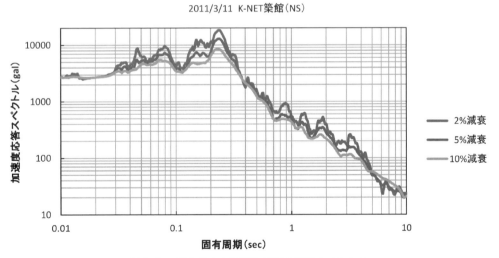

図 8.4c　東北地方太平洋沖地震の応答スペクトル

(4) 動的解析の現状

　地震による地盤や構造物の振動は，数値解析によって算定しますが，コンピューターの能力が低かった時代には，まず地盤の振動を計算し，それを基に構造物の振動を解析し，耐震設計に必要な構造物の応答を算定していました．しかし，現在はコンピューターが進化し，解析規模が大きくても高速高精度の数値解析能力を有しているため，地盤と構造物を一つの解析対象としてモデル化し，構造物の姿かたちをありのまま解析できるようになっています（図8.5a，8.5b）．

　ただし，耐震設計で知っておくべき基礎的事項が変わる訳ではありません．

　図8.5a は，有限要素を用いて，地盤，基礎，橋脚を一体とした解析モデルです．

　図8.5b は，バネとマスを用いて，地盤，基礎，橋脚を一体とした解析モデルです．

　これらは，基盤面に地震動を入力して解析が行われます．

　橋脚，基礎の変形や各部材の変形や応力状態を知ることができ，とくに有限要素では，コンクリートや鉄筋の損傷状態まで知ることができます．

　図8.5c は，バネとマスを用いて，基礎と橋脚に分離した解析モデルです．

　図8.5d は，基礎と橋脚を1つのバネとマスにした解析モデルです．

　これらは，あらかじめ基盤面から橋脚の下端までの地震の応答解析を行い，得られた地震動を橋脚の下端に入力して解析を行うことになります．

　なお，図8.5c は基礎全体の変形と橋脚の変形をそれぞれ知ることができますが，図8.5d は構造物全体の変形のみしか知ることができません．

8.2 構造物の振動

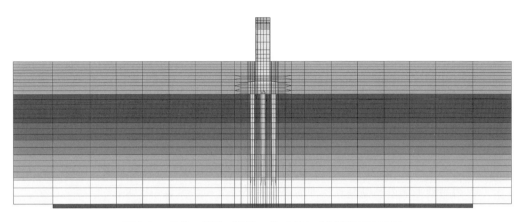

図 8.5a　地盤・基礎・橋脚　一体モデル（有限要素モデル）

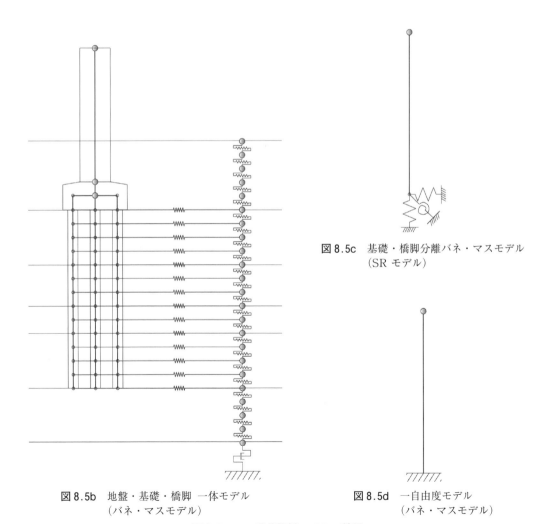

図 8.5b　地盤・基礎・橋脚　一体モデル
（バネ・マスモデル）

図 8.5c　基礎・橋脚分離バネ・マスモデル
（SR モデル）

図 8.5d　一自由度モデル
（バネ・マスモデル）

図 8.5a〜d　動的解析モデルの種類

114　**8 耐震性能照査**

8.3 構造物の特性

8.2で概説したように，地震による構造物の応答には，構造物の特性が影響します．ここでは，鉄筋コンクリート構造物を例に，耐震設計で必要となる構造物の特性を概説します．

(1) 耐震に対する鉄筋コンクリート構造の基本

鉄筋コンクリート構造の破壊形態は，主として曲げ破壊とせん断破壊に区分されます．それぞれの破壊形態のひび割れ状況および荷重と変位の関係を図8.6a, bに示します．荷重と変位の関係に着目すると，せん断破壊は，耐力に到達すると急激に耐力を失う脆性的な挙動を示します．一方，曲げ破壊は，耐力に到達しても変位の増加にともないその耐力を保持して，やがて耐力を失うじん性的な挙動を示します．

この両者の破壊形態の違いを，エネルギー（荷重と変位の積）の観点から比較したものを図8.7に示します．せん断破壊形態に比べて曲げ破壊形態の方が，吸収できるエネルギーが大きくなることがわかります．

図8.8は，地震動の繰り返しにより，それぞれの破壊形態を有する鉄筋コンクリート構造の荷重と変位の繰り返しの影響を模式的に示したものです．せん断破壊は，耐力に到達した後に繰り返しを受けると，耐力が低下する特徴を有しています．一方，曲げ破壊は，耐力に到達した後も繰り返しによる耐力の低下が小さい特徴を有しています．

すなわち，構造物は，地震動に対して，繰り返される作用で，大きなエネルギーを吸収する必要があるため，曲げ破壊形態の鉄筋コンクリートの非線形特性を利用して大きなエネルギーを吸収することは，地震作用に対してきわめて重要な特徴となります．

橋脚などの破壊形態の判定は，次式で行うことができます．

次の条件を満足する部材は，曲げ破壊形態と判定します．

$$V_{mu}/V_{ud} \leq 1.0 \qquad\qquad\qquad (8.7)$$

次の条件を満足する部材は，せん断破壊形態と判定します．

$$V_{mu}/V_{ud} > 1.0 \qquad\qquad\qquad (8.8)$$

ここで，V_{mu}：部材が曲げ耐力に達する時のせん断力　　(N)

　　　　V_{ud}：設計せん断耐力　　(N)

これは，部材に曲げ破壊が生じるときのせん断力と，せん断耐力を比較したものです（図8.9）．

曲げ耐力やせん断耐力の算定方法の詳細は，鉄筋コンクリート工学の専門書に譲りますが，せん断力の算定方法は，構造力学の初歩的理論が用いられていることが分かります．

8.3 構造物の特性

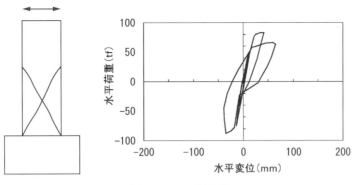

図 8.6a　せん断破壊

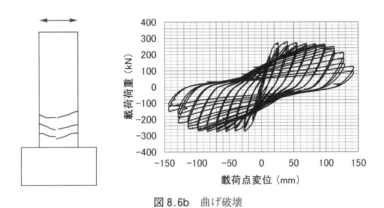

図 8.6b　曲げ破壊

図 8.6a, b　破壊形態のひび割れ状況および荷重と変位の関係

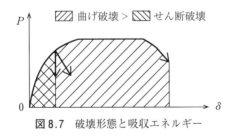

図 8.7　破壊形態と吸収エネルギー

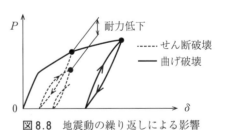

図 8.8　地震動の繰り返しによる影響

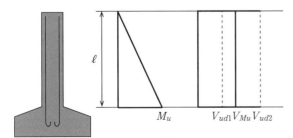

ここに，
M_u　：橋脚下端の曲げ耐力
V_{Mu}　：橋脚下端の曲げ耐力に対するときのせん断力
　　　$V_{Mu}=M_u/\ell$
V_{ud1}, V_{ud2}　：橋脚のせん断耐力

$V_{Mu}/V_{ud2}<1.0$ より曲げ破壊となる
$V_{Mu}/V_{ud1}>1.0$ よりせん断破壊となる

図 8.9　破壊形態の判定

116   8   耐震性能照査

(2) 損傷状態と変形性能

鉄筋コンクリート構造の非線形性は，コンクリートや鉄筋などの材料が，種々の損傷を受ける結果として発揮されるものです．

一方，構造物は，供用期間中に巨大地震以外にも種々の規模の地震動を受けるため，必ず損傷を受けることになります．受けた損傷に応じて適切な修復の判断を行い，構造物を再利用することになり，この性能を修復性と呼んでいます．

したがって，地震動が作用した場合に，構造物や部材の損傷状態を把握することは重要な事項となります．

曲げ破壊形態を有する鉄筋コンクリート構造部材の荷重と変位の関係と，コンクリートと鉄筋の損傷状態の関係を，図8.10 および図8.11 に示します．

図8.11 に示すような荷重と変位の関係の中で，部材の損傷状態を把握する技術は重要であり，修復性を考慮した耐震設計を行うためには，荷重と変位の関係と材料の損傷状態を関連付けておく必要があります（図8.12：p. 119）．

その一例は，後述する鉄筋コンクリート構造の非線形特性で説明します．

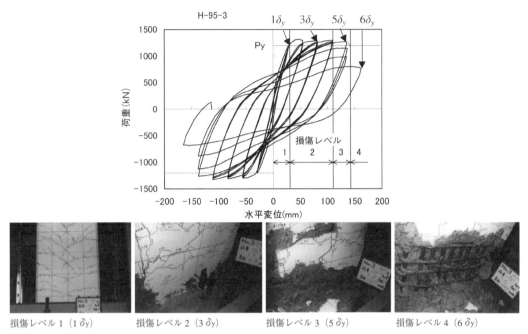

図 8.10 荷重変位履歴と損傷レベル，損傷状況の例

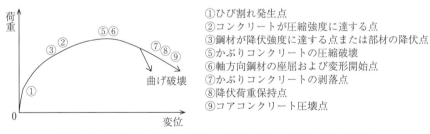

①ひび割れ発生点
②コンクリートが圧縮強度に達する点
③鋼材が降伏強度に達する点または部材の降伏点
⑤かぶりコンクリートの圧縮破壊
⑥軸方向鋼材の座屈および変形開始点
⑦かぶりコンクリートの剥落点
⑧降伏荷重保持点
⑨コアコンクリート圧壊点

図 8.11 鉄筋コンクリート部材の荷重と変位の関係と損傷の過程

(3) 部材のモデル化

　一般に，曲げ破壊形態の棒部材に対し，その復元力特性は，部材端部の曲げモーメントと部材角との関係（M—θ関係），または部材断面の曲げモーメントと曲率との関係（M—ϕ関係）で表すことが多くあります．部材の復元力特性は，RC 部材の正負交番載荷実験の結果を用いた実験的研究に基づいていることが多く，理論的に定式化されている訳ではないことに留意する必要があります．すなわち，提案された種々の復元力特性の，適用範囲などを順守する必要があります．

　復元力特性の一例を図8.13 に示します．この復元力特性における骨格の各折れ点は，RC 部材の損傷イベントと関係しており，それらは，図中に記載しているとおりです．なお，地震動は繰り返しがある作用であり，鉄筋コンクリート部材の挙動は繰り返しの影響を受けるため，繰り返しの影響を考慮する必要があります．図8.13 に示す復元力特性を得るために実施された交番載荷試験は，同一変位 3 回繰り返しの漸増載荷を基本としたもので，繰り返し載荷による耐力劣化を考慮したものとなっています．

8.3 構造物の特性 119

図 8.12 鉄筋コンクリート部材の荷重変位曲線と損傷の過程

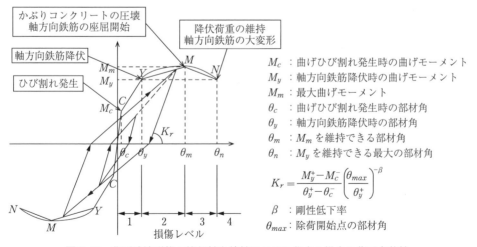

図 8.13 曲げ破壊形態の棒部材を線材にモデル化する場合の復元力特性
（これらの物理量の単位は次ページに記載します）

120　8　耐震性能照査

⑷　**耐震設計に用いる諸数値**

　鉄筋コンクリート橋脚（図 8.14）を例に，耐震設計の諸数値（主として構造物の固有周期）の算定方法を以下に示します.

弾性剛性：k_E（図 8.15）

$$\delta = \frac{P\ell^3}{3EI} \qquad \text{(mm)}$$

$$\therefore k_E = \frac{P}{\delta} = \frac{3EI}{\ell^3} \qquad \text{(N/mm)}$$

　ここで，P：荷重（慣性力）　　　　　　　　　　　　　　　　　　(N)
　　　　　ℓ：慣性力の作用点から橋脚下端までの距離　　　(mm)
　　　EI：橋脚の曲げ剛性　　　　　　　　　　　　　　　　(N・mm²)
　　　　　　E：コンクリートの弾性係数　　　　　(N/mm²)
　　　　　　I：橋脚の断面 2 次モーメント　　　　(mm⁴)

降伏剛性：k_y（図 8.15）

$$k_y = \frac{P_y}{\delta_y} = \frac{M_y \cdot \ell}{\delta_y} \qquad \text{(N/mm)}$$

橋脚下端が降伏モーメントとなる曲げモーメント（M_y）に対して

$$\delta_y = \int_0^\ell \phi_x dx \qquad \text{(mm)}$$

　ここで，$\phi_x = \dfrac{M_x}{EI_e} \qquad \text{(mm}^{-1}\text{)}$

　　　　　ここで，$I_e = \left(\dfrac{M_{cr}}{M_x}\right)^4 I_g + \left(1 - \left(\dfrac{M_{cr}}{M_x}\right)^4\right) \cdot I_{cr}$

　　　　　　　　M_{cr}：ひび割れ発生曲げモーメント　　　　　(N・mm)
　　　　　　　　I_g　：全断面有効の断面 2 次モーメント　　　(mm⁴)
　　　　　　　　I_{cr}：ひび割れ断面の断面 2 次モーメント　　(mm⁴)
　　　　　　　　I_e　：有効断面 2 次モーメント　　　　　　　(mm⁴)

　　　　曲率の 2 回積分は，以下のとおり（図 8.16）

$$\delta = \int_0^\ell \phi_x dx$$

$$= \sum_{i=1}^{m} (\phi_{xi} \cdot x_i + \phi_{xi-1} \cdot x_{i-1}) \cdot \varDelta x_i / 2 \qquad \text{(mm)}$$

8.3 構造物の特性　121

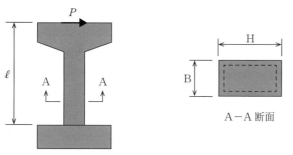

図 8.14　橋脚の形状・諸元

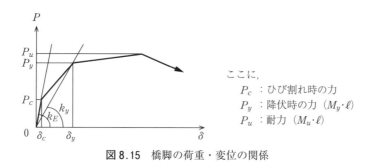

ここに，
　P_c：ひび割れ時の力
　P_y：降伏時の力（$M_y \cdot \ell$）
　P_u：耐力（$M_u \cdot \ell$）

図 8.15　橋脚の荷重・変位の関係

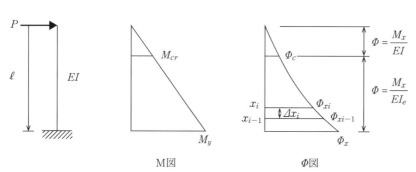

M図　　　Φ図

図 8.16　曲げモーメントと曲率の関係

曲げ降伏耐力：M_y

　　　　　　　鉄筋が降伏する時の曲げモーメント（図8.17）　　　　　（N・mm）

曲げ耐力：M_u

　　　　　　　コンクリートが圧壊する時の曲げモーメント（図8.18）　（N・mm）

8.3 構造物の特性　123

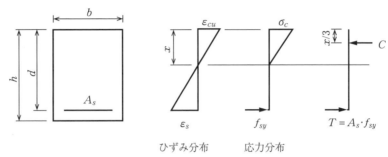

図 8.17　曲げ降伏耐力時のひずみ，応力，力の関係

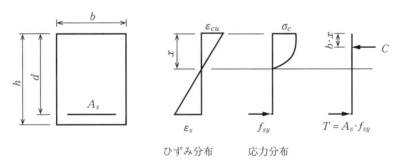

図 8.18　曲げ耐力時のひずみ，応力，力の関係

124   8   耐震性能照査

8.4 補修費用を考慮した耐震設計例 ―設計問題としての定式化―

⑴ まえがき

　現在の耐震設計では，構造物が設計耐用期間中に想定する地震動として，数回程度受けるであろうレベルの地震と，発生する確率は小さいが非常に強い地震動があります．構造物の性能は，構造設計の基本的概念である構造物が崩壊しないことについての安全性，地震等によって構造物が損傷を受けた場合の補修の容易さについての復旧性，利用者が構造物を使用する際の快適さについての使用性等が考えられます．これらの性能を考慮し，耐震性能として損傷に制限を与えていますが，設計の工学的価値基準としての力学的限界状態を照査指標として，目的関数は，初期建設費用のみに着目しているのが実状です．このような現状に対して，構造物の損傷に伴う損失を考慮することの重要性が提案されています[10]．

　そこで，耐用期間中に発生する地震動による構造物の損傷から補修費用を推定し，補修費用も初期建設費用に加算したトータルコストを目的関数として，設計を試みました[11]．以下に，その概要を示します．

⑵ 部材の非線形性

　部材の非線形性を考慮するため，曲げモーメント M と部材角 θ 関係のテトラリニアモデルの骨格曲線[12]を用いています．これを図 8.19 に示しました．図中の C は曲げひび割れ発生，Y は軸方向鉄筋降伏，M は最大荷重程度を維持する最大変形点，N は降伏荷重を維持する最大変形点です．この部材の非線形性は，コンクリートのひび割れ，軸方向鉄筋の降伏等の材料の非線形特性，かぶりコンクリートの剥離，軸方向鉄筋の座屈等の部材の損傷状況を考慮して算定されたもので，M―θ 関係を形成する各折れ点から部材の損傷状況を把握することができます．これらの損傷程度に応じて，レベル 1 ～ 4 の損傷レベルを設定しています．また部材の受けた損傷レベルから，元の健全な状態に戻すのに必要な補修工法の判断ができます．各折れ点と損傷状況，損傷レベル，補修工法の関係を，表 8.1 に示しました．

8.4 補修費用を考慮した耐震設計例　125

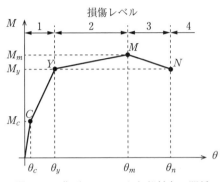

図 8.19 曲げモーメントと部材角の関係

表 8.1 損傷状況と補修工法

損傷レベル		損傷状況	補修工法の一例
1	C		無補修
	Y	曲げひび割れ	無補修（必要により耐久性上のひび割れ注入）
2	M	曲げひび割れまたは，曲げおよびせん断ひび割れ，ひび割れ幅の拡大，かぶりコンクリートの剥離	必要によりひび割れ注入・断面修復
3	N	かぶりコンクリートの剥落，内部コンクリートの損傷，軸方向鉄筋の座屈，帯鉄筋の変形	同上 必要により帯鉄筋の整正
4	N以降	同上，場合により軸方向鉄筋および帯鉄筋の破断	同上 軸方向鉄筋の座屈が著しい場合は部材の取替え

126   8   耐震性能照査

(3) 地震動による損傷

　補修費用を計算するには，構造物が地震によって，どの部位に，どの程度の損傷を受けるかを正確に把握する必要があります．ここでは地震動による各部材の損傷レベルの判定方法について説明します．

　なお，照査に用いる地震動は，「鉄道構造物等設計標準・同解説（耐震設計）」[13]に示されるL2地震動とし，海洋型地震動を対象としたスペクトル1，内陸型地震動を対象としたスペクトル2としました．構造物の応答は，これらの地震動を対象として作成された非線形スペクトルと静的非線形解析法によりました．

　①　構造物の応答

　地震動による構造物の応答の算定には非線形スペクトル法（図8.20）を用い，構造物の固有値から，地震動による応答値を算定します．静的非線形解析から算定した固有周期 T (sec)，降伏震度 k_{hy} を用い，応答塑性率 μ を算定します．地震時の最大応答変位 δ_d (mm) は μ と降伏変位 δ_y (mm) の関係から次式で表すことができます．

$$\delta_d = \mu \cdot \delta_y \tag{8.9}$$

　②　損傷レベルの判定

　静的非線形解析から算出される荷重変位曲線と応答変位 δ_{d1}，δ_{d2} の関係を用い，部材の損傷レベルの判定を行います．ここで荷重変位曲線を図8.21に示します．荷重変位曲線は全部材，部位の損傷過程を表しています．荷重変位曲線の折れ点は，いずれかの部材が図8.19（前ページ）の Y, M, N に達した点です．例を示すと，折れ点1はある部材が最初に Y に達したことを意味します．折れ点ごとに，構造物を構成する部材の損傷レベルを表示すると，表8.2のマトリックスのようになります．一例として δ_{d1} による損傷を判定します．δ_{d1} と折れ点の変位を比較し，対応する折れ点を判定します．図では折れ点7が δ_{d1} に対応する折れ点となります．折れ点が決定すれば，表8.2から各部材の損傷レベルを選択します．折れ点7の場合は，部材ⓐおよびⓑのⅠ端が損傷レベル3，部材ⓐおよびⓑのＪ端，部材ⓒのⅠ端が損傷レベル2となり，これがL2地震動スペクトル1による構造物の損傷となります．

8.4 補修費用を考慮した耐震設計例

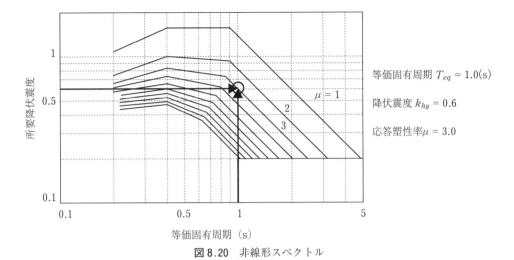

等価固有周期 $T_{eq} = 1.0$(s)

降伏震度 $k_{hy} = 0.6$

応答塑性率 $\mu = 3.0$

図 8.20 非線形スペクトル

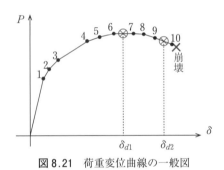

図 8.21 荷重変位曲線の一般図

表 8.2 損傷レベルマトリックス

部材		折れ点										
		1	2	3	4	5	6	7	8	9	10	10以降
部材ⓐ	I 端	1	2	2	2	3	3	3	3	3	3	崩壊
	J 端	1	1	1	2	2	2	2	2	3	3	3
部材ⓑ	I 端	1	1	2	2	2	3	3	3	3	3	3
	J 端	1	1	1	2	2	2	2	2	2	3	3
部材ⓒ	I 端	1	1	1	1	1	1	2	2	2	2	2
	J 端	1	1	1	1	1	1	1	2	2	2	2

⑷ 最適設計問題の定式化

ここでは最適化手法 GA（遺伝的アルゴリズム）を応用し，設計解を得ています．目的関数は，初期建設費用に地震動による補修費用を加えた値としました．制約条件は，非線形スペクトル法による耐震性の照査，各部材ごとにせん断破壊，損傷レベルに対する照査を設定しています．設計変数は，最適化を行う部材の断面構成としました．これらについて以下で説明します．

① 目的関数

目的関数は，初期建設費用と地震動による補修費用の和としました．

$$TC = {}_iC + {}_rC \tag{8.10}$$

ここで，TC：トータルコスト

$\quad\quad\quad {}_iC$：初期建設費用

$\quad\quad\quad {}_rC$：地震動による補修費用

初期建設費用は，材料および施工費用についての初期建設費用を考慮しました．コンクリート量 V_c（m³）および鉄筋量 V_s（m³）で定式化しました．補修費用は，補修を行うための工法と，実際に部材の性能を取り戻すための工法に大別できます．後者は前述した損傷レベルに応じて部材を健全な状態に戻す補修で，表 8.1（p. 125）に示しています．前者は損傷の発生した部位によって，補修を行う前に足場や掘削等が必要となります．この損傷部位による補修工法を表 8.3 に示しています．これらの補修工法も考慮し補修費用に加算します．一例として柱下端，損傷レベル 3 の補修費用の計算式を表 8.4 に示しています[11]．H は断面高，B は断面幅，H_s は地盤から損傷部位までの高さです．杭部材の補修は，困難であることから，数値計算では杭部材に損傷を受けないよう制限を与えています．

② 制約条件

非線形スペクトル法による応答値の算定に関する制約条件

$$g = \gamma_i \cdot \mu_y / \mu_a - 1 \leq 0 \tag{8.11}$$

ここで，μ_y：降伏震度スペクトルから得られる応答塑性率

$\quad\quad\quad \mu_a$：設計じん性率

$\quad\quad\quad \gamma_i$：構造物係数（1.0）

せん断破壊に対する照査

各部材におけるせん断破壊を発生させない条件として次式を用いています．

$$g = \gamma_i \cdot V_{di} / V_{ydi} - 1 \leq 0 \quad (i = 1 \sim n) \tag{8.12}$$

ここで，n：補強の対象となる部材数

$\quad\quad\quad \gamma_i$：構造物係数（1.2）

$\quad V_{di}, V_{ydi}$：それぞれ部材の設計せん断力および設計せん断耐力．各部材の設計せん断耐力の算定方法は，「鉄道構造物等設計標準（コンクリート構造物）」[14]によるものとしました．（N）

表 8.3 損傷部位と補修工法

損傷部位	補修工法
上層梁	足場工，軌道撤去，防水工，軌道敷設
柱上端	足場工
柱下端	掘削工，埋戻工
地中梁	掘削工，土留工，埋戻工

表 8.4 補修費用の計算式（柱下端，損傷レベル 3）

補 修 工 法	単価	数 量 計 算 式
掘削工	6,720	$\{(H+2)^2 - H^2\} \times H_s \times 2 \times 6{,}720$
ひび割れ注入工	5,500	$(H^2 \times B) \times 2 \times 25 \times 5{,}500$
かぶり修復 　（コンクリート工） 　（型枠工）	 22,410 7,090	 $(H^2 \times B) \times 2 \times 0.35 \times 22{,}410$ $H^2 \times 4 \times 2 \times 7{,}090$
埋戻工	1,112	$\{(H+2)^2 - H^2\} \times H_s \times 2 \times 1{,}112$

制約条件は，構造物全体系の応答，各部材のせん断破壊の照査および損傷レベルの照査としました．部材の損傷レベルに対する照査の制約条件を以下に示します．損傷レベルは，各部材において損傷レベルを部材角で判断するものとして，部材角の応答値と制限値から定義することとしました．

$$g(i) = \gamma_i \cdot \theta_{di}/\theta_{rdi} - 1 \leq 0 \quad (i = 1 \sim M) \tag{8.13}$$

ここで，θ_{di}，θ_{rdi} は部材 i の最大応答部材角および損傷レベルに応じた制限部材角です．また θ_{rdi} は図 8.19（p. 125）の Y，M，N 部材角に応じた値をとります．部材ごとに損傷レベルを制限した設計が可能となります．

③ 設計変数

最適化を行う部材は，柱，上層梁，地中梁および杭を対象としています．柱および梁部材は，それぞれ正方形，長方形断面として，断面幅 B，断面高さ H，軸方向鉄筋本数 N，軸方向鉄筋段数 J を，また杭部材は円形断面として断面径 D，軸方向鉄筋本数 N を設計変数としました．ここで断面図を図 8.22 に，断面データを表 8.5 に示しています．軸方向鉄筋径は 32 mm を固定し，柱部材は側方鉄筋を配置します．またせん断補強鉄筋は，鉄筋径 D_w，組数 N_w，配置間隔 S_v を設計変数としました．これを表 8.6 に示します．杭部材は N_w を 1 組に固定しました．せん断補強配置間隔は，部材の両端から $2H$ 区間の S_w，それ以外の S_v を設定します．S_w には固定値を与え，S_v を設計変数としました．数値計算例では，施工面等を考慮し，全部材の B，2 方向の地中梁の H を同一の値としています．

8.4 補修費用を考慮した耐震設計例　　*131*

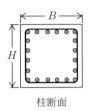
柱断面

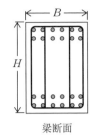
梁断面

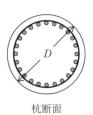
杭断面

図 8.22　設計断面図

表 8.5　部材断面データ

B (mm)	H (mm) 柱	H (mm) 梁	N (本)	J (段)	杭 D (mm)	杭 N (本)
600	600	800～1500	6	1 or 2	1000	22
700	700	900～1600	8			
800	800	1000～1700	9		1200	28
900	900	1100～1800	10			
1000	1000	1200～1900	11		1500	38
1100	1100	1300～2000	11			
1200	1200	1400～2100	12		2000	55
1300	1300	1500～2200	13			

表 8.6　せん断補強鉄筋データ

部材	D_w (mm)	N_w (本)	S_w (mm)	S_v (mm)
柱	16	1～2	100	100 or 200
柱	19	1～2		
柱	22	1～2		
梁	16	1～2	150	150 or 200
梁	19	1～2		
梁	22	1～2		
杭	16	—	100	100 or 125
杭	19	—		
杭	22	—		
杭	25	—		

⑸ 数値計算例

　検討対象は，図 8.23 に示す一層の鉄道 RC ラーメン高架橋で，左図は橋軸直角方向，右図は橋軸方向の構造です．これら 2 つの構造を同時に考慮し解析を行います．図は杭基礎の構造を示していますが，直接基礎の解析も行いました．最適化を行う部材は，杭基礎の場合，柱，地中梁，上層梁および杭部材，直接基礎の場合，柱，上層梁部材を対象としています．杭部材は補修が困難となるため，補修の必要がない損傷レベル 1 に制限しています．地盤条件[13]は直接基礎に G0〜G3 地盤，杭基礎に杭長 20 m の G3〜G5 地盤，杭長 30 m の G5〜G7 地盤を設定しました．目的関数は，初期建設費用のみと，地震動による補修費用を考慮し初期建設費用に加算したトータルコスト（以下，TC）としました．前者による設計は，部材の損傷レベルを 2 に制限した耐震性能 II，および 3 に制限した耐震性能 III について設計を行います．また後者による設計は，損傷レベルに制限を与えず設計を行います．それぞれの設計を初期建設費用のみと，これに補修費用を加算した TC について比較しました．これを図 8.24，図 8.25 に示しています．補修費用は，L2 地震動スペクトル 1 と 2 による損傷を考慮しました．

　耐震性能 II，III の設計を比較すると，損傷レベルの制約がゆるい耐震性能 III の設計は，目的関数である初期建設費用は小さくなりますが，その分損傷レベルが大きくなり補修費用が大きくなります．例外としては，直接基礎 G1 地盤，杭基礎の杭長 20 mG3，G5 地盤，杭長 30 mG6 地盤があります．理由としては以下の事項が考えられます．①耐震性能 II の設計は初期建設費用，断面寸法が大きく，補修費用も大きくなるため，②耐震性能 III の設計は，スペクトル 1，2 の一方のみが設計に影響し，もう一方は補修費用が小さくなるため，③耐震性能 II の設計は構造全体系で性能を確保し，耐震性能 III の設計は変形性能の大きい部材に損傷が集中するため，耐震性能 II の設計よりも耐震性能 III の設計の TC が小さくなったと考えられます．

　初期建設費用を目的関数とした耐震性能 II，III の設計と TC による設計について比較します．TC による設計は，初期建設費用が大きいものの，TC が耐震性能 II，III の設計よりも大幅に小さくなる傾向が見られます．初期建設費用を大きくすることで，損傷を抑え補修費用を小さくしたためと考えられます．TC の差が杭基礎よりも直接基礎の方が小さいのは，杭基礎の場合地中梁，杭部材を考慮しているためと考えられます．

8.4 補修費用を考慮した耐震設計例　　133

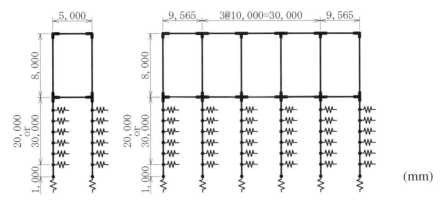

図 8.23　鉄道 RC ラーメン高架橋，杭基礎構造モデル

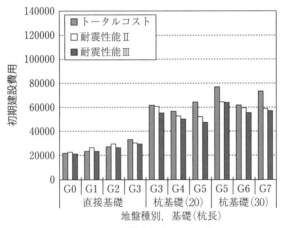

図 8.24　初期建設費用の比較

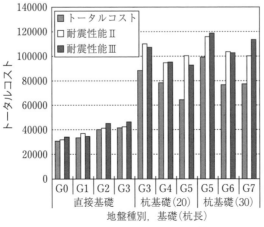

図 8.25　トータルコストの比較

134　8　耐震性能照査

　断面構成の一例として杭基礎, 杭長 30 m, G7 地盤の詳細結果を表 8.7 に示しました. 表には断面図, 断面寸法としてBとH, せん断補強鉄筋を示しています. 耐震性能 II, III の設計を比較すると, BとHに大きな差は見られないものの, 鉄筋量は耐震性能 III の設計が少なくなります. 耐震性能 III の設計は, 初期建設費用が小さいものの, その分損傷が大きく TC が耐震性能 II の設計を上回る結果を示しています. TC の設計は, 耐震性能 II, III の設計よりもBとHを大きくとることで, 補修費用を小さくし, 結果として TC による少ない設計が選ばれたと考えられます.

⑹　あとがき

　ここでは, 鉄道 RC 構造物を対象として設計耐用期間中に発生する地震動による補修費用を考慮した設計を試みました. また, 損傷レベルを制限して設計を行い, 結果を比較しました. 全てのケースにおいて, 設計耐用期間中の地震動による補修費用を考慮した設計が, 最もトータルコストが小さいという結果が得られました. 補修費用を初期に設計に含めた設計の有用性を示唆するものです. また, この結果は, 力学的限界状態のみの照査では, 必ずしも合理的な解を得ることができないことも示唆しているものと考えられます. 復旧性を照査する場合には, コストなどの指標もあわせて照査する必要があると考えられます. なお, ここで示した試計算は, 地震の発生回数を, 確定論的に定めた場合の一例です. 今後, 地震の規模と発生回数等を確率論的に設定して検討を進める必要があると考えられます.

8.4 補修費用を考慮した耐震設計例 **135**

表 8.7 目的関数別の設計比較（G7 地盤，杭長 30 m）

部材		柱	地中梁（軸）	地中梁（直角）	上層梁（軸）	上層梁（直角）	杭
LCC		1100 × 1100	1100 × 1600	1100 × 1600	1100 × 1400	1100 × 1500	1000
		D19@200	D19@200	D19@150	D19@150	D19@150	D22@100
耐震性能	Ⅱ	800 × 800	800 × 1000	800 × 1000	800 × 1000	800 × 1000	1000
		D22@100	D22@200	D22@200	D19@200	D19@200	D19@100
	Ⅲ	800 × 800	800 × 1000	800 × 1000	800 × 1100	800 × 1000	1000
		D16@100	D16@150	D19@150	D16@200	D19@150	D16@100

9 構造最適設計

　構造最適設計法は，昭和 40 年代に日本に紹介されています．欧米においては主にロケットの軽量化に使われた手法です．そのため国内に導入の時は橋梁に適用され橋梁の鋼重最小化がターゲットになりました．当時鋼橋は全体の重量が製作コストの重要なパラメータであったこともあり，重量最適化が鋼橋最適設計のターゲットになりました．一方で，「鋼重の最小化は必ずしも最適ではない」という主張もありました．鋼重最小化は，必ずしも橋梁として最適ではないという議論は受け入れるべきです．その後の展開としては，構造最適設計のみならず，多様な分野で応用が試みられております．

　本文でも，解析と設計の関係について説明し，何らかの意思決定をするためには，解析が設計の完結ではなく，構造設計においてもさらに多数の断面寸法を決定する必要があり，そのプロセスを含まない設計法は，「設計」という資格はないと思います．さらに，大きな設計空間から最適な設計解を探し出すためには，「工学的価値基準」が必要であることを説明しました．

　最適設計法は，構造設計だけでなく，機械工学分野，建築分野等で応用の幅を広げてきています．どの場合も，それらの数学的表現は，以下のように記述することができます．

　最適設計は，目的関数，制約条件，設計変数の 3 項目より次のように定義されます．

$$目的関数；F(x) \to \min \tag{9.1}$$

$$制約条件；g_j(x) \leq 0 \tag{9.2}$$

$$設計変数；x = \{x_1 \ x_2 \ x_3 \ \cdots\cdots \ x_n\} \tag{9.3}$$

　つまり，式 (9.2) の制約条件を満足し，式 (9.1) の目的関数を最小にする，式 (9.3) の設計変数を求めよ．ということになります．

　本文中の設計問題は，すべて上記の式 (9.1)～式 (9.3) の定式化で整理することができます．本文中で設計解の決定は必ずしも明確にはされませんでしたが，最適設計の知識がない場合に，すぐ「これが設計解です」と言っても説得力がないからです．

　少し難しい個所があったかも知れませんが，前書きにも書いたように，解析が構造設計の終わりではなく，その後に断面決定を含む設計というプロセスがあります．解析で得られるのは，部材の断面力であり，断面の形状，断面を構成する各パーツの寸法は決められていません．

本文の「2．単純桁の解析と設計」，「5．トラスの解析と設計」あるいは〈豆知識③〉で，最適設計に関する概要を簡単に紹介しました．ここでは，もう少し詳しく説明します．

一つの構造物には，部材の安定性のためのパラメータ，あるいは，構造全体の安全のためのパラメータ等が数多く含まれ，一つの構造物として機能しています．多くのパラメータは事前に決定することが可能ですが，残りは，経済性あるいは安全性を担保するために適切な設計過程を経て決められます．

ここで，適切な設計過程と表現しましたが，実際は，未知のパラメータに対し，過去の実績，技術者の経験，あるいは取りあえずのパラメータの値などに対して解析を行います．次に，既に設定されている応力度等の制約条件を満足しているかどうかが検討されます．この1度の解析で，すべての条件を満足していることが要求されているのであれば，これで，「解析—設計」の手順は終了します．しかし，未知のパラメータは複数あり，今得られた設計がすべての制約条件を満足したとしても，設計技術者としては，さらに他のパラメータも検討し，複数得られた設計の中から，より良い設計を求めると考えられます．得られた設計解が最適であることの説明，あるいはより良い設計を求めるためには，やはり工学的価値基準を含む最適設計法が必要です．

最適設計法にはいくつかの課題がありました．それは解が得られるまで厳密な構造解析を数多くしなければならない点です．

しかしその後，まず近似の概念の応用により厳密な構造解析の回数を減らし，近似モデルの解析に置換える手法が提案されました．構造の規模は，それほど重要な課題とはならないようになりました．図 9.1a と図 9.1b が近似の概念の説明です．計算の流れの中には，3 あるいは 4 のブロックが設定されています．「最適設計のコントロール」は，変数あるいは関数の値の流れを制御する役割，「FEM 解析，あるいは感度解析」は厳密な構造解析，および「最適設計」は文字通り最適化の処理をするブロックです．これにより，図 9.1a に流れが示されているように，「最適設計」から要求されるたびに厳密な構造解析をすることになり，多くの構造解析が要求される仕組みになっていました．

一方，図 9.1b に示されるように近似副問題が設定されると，FEM（構造）解析と最適設計の間に近似副問題が作成されており，要求される解析は近似副問題で計算することになり，厳密な構造解析の数は激減することになります．その結果，厳密な構造解析は 10 回程度で設計解が得られるということになりました．このシステムがまさに解析と設計を融合するシステムということになり，近似副問題は，対象としている構造物の応答値が近似副問題にできるだけ近い値を計算するように設定されます．適切な副問題を作りその副問題とのやり取りの中で，設計空間の質を向上させ，同時に得られる設計解の質を上げるという考え方です．

式 (9.1)～式 (9.3) で定式化される最適設計の問題は非線形計画法で解かれるのが一般です．いくつかの手法がありますが，代表的な手法の一つとして，SLP（Sequential Linear Programming）を説明します．

138　　9　構造最適設計

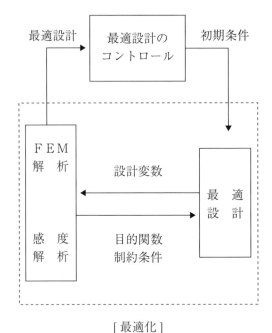

図 9.1a　近似の概念導入以前の計算の流れ

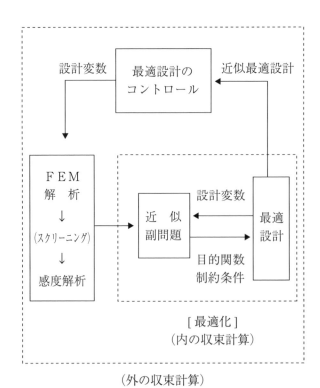

図 9.1b　近似の概念導入後の計算の流れ

次に多目的最適化問題の簡単な事例を説明します.

9.1 繰返し線形計画法（SLP）

構造最適設計の問題は，非線形問題になるのが一般です．本来非線形の関数を線形に近似して線形計画の問題に近似し，線形計画法などを用いて解を出し，この過程を繰返すことにより近似設計空間および近似設計解の質を向上させるという手法です．

1変数関数のテイラー展開は以下のようになります.

ある設計点 a に関する1変数関数 f のテイラー展開は次のようになります．ここで，x は任意の点，a は定点となります.

$$f(x) = f(a) + (x - a)\frac{f'(a)}{1!} + (x - a)^2\frac{f''(a)}{2!} + \cdots\cdots$$

右辺第3項以降を無視しますと，以下の線形1次式が得られます.

$$f(x) \cong f(a) + (x - a)f'(a) \tag{9.4}$$

この式が，関数 $f(z)$ の1次近似式になります.

この関係を用いると，上記の式（9.1），式（9.2）は以下のように線形近似式群になります.

$$f(x) = f(a) + (x - a)\cdot f'(a)$$
$$g_j(a) \fallingdotseq g_j(a) + (x - a)\cdot g_j{}'(a) \le 0 \quad (j = 1 \sim m)$$

この問題は，非線形の問題であっても，上記のように点 a で線形化することにより，線形計画法の問題としてとらえることができます．これが一度解けますと，得られた解に関する線形近似式を更新し徐々に解を絞り込んでゆくことができます.

数学的には単純で，最適化の初期の段階では，解を絞り込む段階の設計変数の値を導き出すのに有効な方法となります.

本書で誘導した種々の関数が，設計空間を形成するのに用いられます．問題によっては，式（9.4）の関数の1次微分が必要になります．すべての関数の微係数が解析的に導き出せないこともあります．その場合は，差分を用いて微係数の値とします.

9.2 多目的最適化問題

最適設計の重要な課題として，複数の目的関数の最適化を図る多目的最適化という問題があります．式（9.1）は1目的の場合の表記ですが，これが複数になる問題が多目的最適化問題です.

例えば，2目的の問題で，A地点からB地点に移動するのに車を使うか自転車を使うかという問題です．車で行けば早くつけるがガソリン代がかかる，一方自転車で行けばコストは少ないが，時間はかかる．さあ，どちらの移動手段を取るかという問題です．多目的計画法は1つの設計解を導くのではなく，設計解の集合としてパレート

（Pareto）解が導かれます．最終的な解を決めるのは第三者ということになります．

この関係を図に表わしたのが，図 9.2 です．太い実線であらわした曲線がパレート解です．図に示されているように，時間 Δt を短縮するには，コストを ΔC 増やす必要がある．コストを下げようと思うと，時間がかかる，となりまして，なかなか決定が難しい問題となります．

これは，構造設計だけでなく，幅広い分野での問題解決に応用される課題となります．

詳細は省略しますが，構造設計の分野だけでも多種・多様の設計問題があるというわけです．

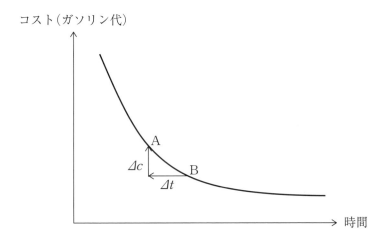

図 9.2　パレート解の事例

あとがき

　戦後のインフラ整備が一段落し，1998.4明石大橋，1998.6白鳥大橋の竣工で，ある意味で日本の橋梁技術は頂点にたどり着いた，という空気が流れていました．しかし，それらと並行して，重交通を支える鋼構造物に疲労損傷が問題となり，鋼構造物のみでなくコンクリート構造物も含む構造物全体に損傷，劣化の課題が顕在化してきました．

　また，台風災害，河川災害，地すべり，津波，火山災害，地震災害等，気象変動の影響も受けてか，従来にない規模と頻度で日本を襲っています．その度に，日本中の建設業が補修，補強に借り出されています．

　今後もこの状態は変わらないと思いますが，災害も人材も地域的に偏在があり，こちらの都合の良いようには発生してくれません．ある地域が広範囲にわたって被害を受けました．人命，財産等が大きなダメージを受けます．さあ，早速復旧班を送ってくれ，といわれても即日に派遣できるものではありません．やはり普段から準備すべきですし，復旧作業の「核になる人材」「グループ」の備えは非常に大切です．このために国内の建設工学関係の教育機関は人材を輩出しているという事になります．

　災害現場は，多くの職種の人で構成されます．その中には，計画を立てる技術者，現場の指揮をする技術者，その指揮の下で種々の作業をする人々です．これらの技術者群を普段から教育し，いつ災害が起きても対応できるようにしておくことが重要です．

　技術者の中には，当然大学で教育を受けた技術者が必要であり，現場の状態を即座に読み取ることができる人材を養成する必要があります．

　種々の災害に対して対応するためには，大学教育における一般教育，および初歩の構造力学は十分に理解しておく必要があります．そのために大学4年間の初年度および1，2年の構造力学をよく理解しておく必要があります．

　本書は大学の構造系の学問分野のうち，1，2年で学ぶ内容を中心として，他に耐震設計，構造最適設計法の一部が記述されています．内容的には，高校，あるいは大学の初期に学ぶ知識で十分理解できる内容と思われ，大学1年から2年への橋渡しとしての役割を期待しております．

　橋梁の維持管理については，事前対応と事後対応が議論されましたが，事前対応が主流となり，必然的に点検の質が問われるようになってきました．主要な橋梁においては，5年間隔の近接目視が点検の中心として位置付けられ，これは橋梁のみならず，トンネルの点検においても質の向上が義務付けられています．

　近接目視のために点検車なども導入されてきていますが，「点検」→「診断」→「補修」の流れの中では，最初に構造物に接するのが点検であり，維持・補修の良否は正に点検に左右されるといっても過言ではないと思われます．

　点検は，人（技術者）によりなされます．点検終了後の作業は，ほとんどコンピュータが処理し，人の恣意的な介入はあまり考えられませんので，人による点検の行為がそ

の後の評価の精度を支配することになります．ですから，点検者の専門的な知識が大切になってきます．

　専門的な知識としてはいろいろありますが，まず第1に取り上げられる科目は，構造力学です．しかし，構造力学の知識は，広く，薄く教育される傾向があります．過去に勉強した技術者でも，この点検の質が問われる時代では，再度学習する必要があると考えられます．構造力学の基礎は，数学と物理になります．大学にもよると思いますが，現在の入試制度では，数学は1，2単位で，物理は取らなくても入学できます．理工系の学部でも，大学によっては4年間で物理を履修しないで卒業することも可能になってきています．このような学生が，現在の売り手市場を背景とし，それなりのコンサルタントに入社し，入社してすぐではないでしょうが，インフラの点検に関ります．

　そのような現実を背景として，数多く構造力学の名著があるのは理解したうえで，本書を発行させていただきました．

　ポイントは，構造解析は解けたらそれでおしまいではなく，その先に設計という行為があり，解析が簡単でも，設計は必ずしもそう簡単ではないことを理解していただきたいです．また，設計においては，設計空間という概念の導入が必要です．その空間内に設計解は多数あるのが一般であり，その中でどの設計を使うかについては，工学的価値基準「目的関数」が必要であることを説明しています．

　これは，つまり前書きにも書いたように，「構造解析」と「最適設計」の融合が必要であることを示しています．例えば，図4.8あるいは図5.12に示されるように制約条件（構造解析）と目的関数（工学的価値基準）が1つの図（設計空間）で表現されて始めて求める設計解がどれなのか，2つの関連する線図を一つに表現（融合）することにより，初めて設計解の所在が明らかになります．最も簡単な例ですが，融合の重要性が理解されると思われます．

　本文中で詳しく説明されましたが，最適設計は，目的関数，制約条件，設計変数の3項目より次のように定義されます．

　つまり，制約条件を満足し，目的関数（工学的価値基準）を最小にする，設計変数を求めよ．ということになります．

　本文中の設計問題は，すべて上記の式で整理することができます．本文中での設計解の決定は必ずしも明確ではありませんでしたが，それは最適設計の知識がない場合に，すぐ「これが設計解です」と言っても説得力がないからです．

　最適設計法は，昭和の最後の方に国内に導入されています．そもそも米国においてロケットの軽量化に使われた手法ですので，国内に導入の時は橋梁に適用され橋梁の鋼重最小化がターゲットになりました．最適設計の研究者の大半は，テーマとして橋梁を使うのは説得力のある事例と考えて用いたと思われます．一方で，「鋼重の最小化は必ずしも最適ではなく，そもそも危険な設計を志向していないか．」というような批判を受けました．

　鋼重最小化は，必ずしも橋梁として最適ではないという議論は受け入れるべきです．

しかし，根強くある議論として，最適設計法を使うと安全性が損なわれるという議論は，間違いだと思われます．本文中でも，いくつかの設計空間を説明しましたが，設計は当然，設計空間内にすべての制約条件から構成される空間内部に存在することになります．橋梁などの設計も同じで，設計の要求されるすべての条件を考慮した許容領域から設計解を選択します．ですから，もしその設計に不具合があれば，設計空間形成のために用いられた条件がおかしいのであって最適設計法のせいではありません．

本文中の最後に耐震設計法を取り上げました．阪神淡路大震災（1995）以前であれば，地震力を静的に載荷して耐震設計としましたが，1995以降は，設計の照査には，非線形動的解析が求められるようになりました．少しレベルの高い内容となりましたが，設計の現場では，このような内容の解析を日常やっているということを理解していただければありがたいです．

少し難しい個所があったかも知れませんが，前書きにも書いたように，解析が構造設計の終わりではなく，その後に断面決定を含む設計があることを意識していただきたいと希望します．その時，解析の手順を簡単に見せるために，不静定構造物を「見なし静定構造物」とすることが行われます．しかし，静定構造物は断面を変化させても断面力の再配分は起きませんが，不静定構造物では断面力の再配分が起きます．構造の補強設計，部材の補修設計等においては，十分配慮してなされるべきと思われます．

今後のインフラの補修，補強において，本書が少しでも役に立てばと祈念しております．

参考文献

1) 崎元達郎：構造力学　静定編，森北出版社，2012.

2) (社) 日本道路協会：道路橋示方書 (I 共通編・II 鋼橋編)，2012.6.11.

3) 平野喜三郎，岩瀬敏明：構造力学演習 (上巻)，現代工学社，1978.

4) 奥村敦史：材料力学　コロナ社，昭和 33 年 (初本)

5) 山田善一，大久保禎二監訳　石川信隆，杉本博之，古川浩平，古田均，吉田紀昭訳：最適構造設計—概念・方法・応用—，丸善株式会社，1983.

6) 土木学会構造工学委員会　構造物最適性研究小委員会 (委員長　山田善一)：構造工学シリーズ 1　構造システムの最適化〜理論と応用〜，土木学会，1988.

7) R. K. リブスレイ　山田・川井訳：マトリクス構造解析入門，培風館，1973.

8) H. C. マーティン　吉識雅夫　監訳：マトリックス法による構造力学の解法，培風館，1967.

9) L. A. Schmit,: Structural Design by Systematic Synthesis, Second Conference on Electronic Computation, ASCE, 1960.

10) 土木学会：コンクリート構造物の耐震性能照査—検討課題と将来像—，コンクリート技術シリーズ 34, pp. 179〜202, 2000.4

11) 杉本博之，朝日啓太，渡邉忠朋：補修費を考慮した RC 構造物の最適耐震設計について，土木学会北海道支部論文報告集第 58 号，2002.1

12) 渡邉忠朋，谷村幸裕，瀧口将志，佐藤勉：鉄筋コンクリート部材の損傷状況を考慮した変形性能算定手法，土木学会論文集，No. 683/V-52, pp. 31〜45, 2001.8

13) (財) 鉄道総合技術研究所：鉄道構造物等設計標準・同解説 (耐震設計)，丸善，1999.

14) (財) 鉄道総合技術研究所：鉄道構造物等設計標準・同解説 (コンクリート構造物)，丸善，2004.

索 引

数字・英字

1次不静定構造物 ……………… 8
2次元的 ……………………… 2
2次モーメント ………………… 16
3次元的 ……………………… 2
active ……………………… 74
backward substitution ……… 99
Cholesky decomposition ……… 98
compatibility condition ……… 50
conjugate beam ……………… 40
displacement method ………… 88
equilibrium condition ………… 50
finite element analysis ……… 88
forward substitution ………… 98
fully stressed design ………… 76
JIS G 3192 …………………… 54
L. Schmit …………………… 76
Macaulay bracket（MB）……… 44
matrix structural analysis …… 88
Newmark-β法 ……………… 107
Sequential Linear Programming … 139
statically determinate structure … 6
statically indeterminate structure … 6
TCによる設計 ………………… 132
triangle matrices …………… 98

あ

アクティブ …………………… 74
安全性 ………………………… 124
安全率 ………………………… 70
板の局部座屈 ………………… 72
位置エネルギー ……………… 49
運動方程式 …………………… 104
影響線 ………………………… 26

影響線縦距 …………………… 28
影響線面積 …………………… 30
応答スペクトル ……………… 110
応答塑性率 …………………… 126
応力度 ……………………… 14,70
応力の照査 …………………… ii

か

解析 …………………………… i
回転の自由度 ………………… 6
外力 …………………………… 90
重ね合わせ …………………… 94
重ね合わせの原理 …………… 46
荷重 ………………………… 4,12
荷重載荷位置 ………………… 27
荷重条件数 …………………… 101
荷重マトリクス ……………… 94
価値基準 ……………………… 26
空のマトリクス ……………… 94
慣性力 ………………………… 106
基礎的理論 …………………… i
境界条件 ………………… 34,36,46
共役梁 ………………………… 40
橋梁の維持管理 ……………… 20
許容応力度 ………………… 14,72
許容領域 …………………… 56,74
近似関数 …………………… 54,60
近似の概念 …………………… 137
近似副問題 …………………… 137
近似モデル …………………… 137
繰返し線形計画法 …………… 139
係数マトリクス ……………… 81
桁端 …………………………… 20
減衰自由振動 ………………… 104
減衰定数 ………………… 106,108

工学的価値基準	i,ii,56,58,124	初期建設費用	128
鋼重最小化	136	じん性的	114
合成	2	振動問題	104
構造解析	ii	垂直補剛材	20
構造最適設計法	136	水平補剛材	20
構造設計	ii	スカラー	2
構造力学のテキスト	96	制限部材角	130
高速高精度	112	脆性的	114
後退代入	99	静定構造物	6
交番載荷試験	118	静的解析	ii
降伏剛性	120	静的非線形解析法	126
固有円振動数	106	制約条件	24,136
固有周期	106,108	制約条件式	24
コレスキー分解	98	設計	i
コンクリート	22	設計空間	26,56
コンクリートの圧壊	106	設計の課題	56
		設計変数	25,136
		設計問題	24

さ

最大応答部材角	130	絶対最大加速度	108
最大たわみ値	35	切断線	66
最大モーメント	14	節点番号	89
最適設計	76	節点法	62,64
最適設計のコントロール	137	全応力設計	76
座屈荷重	78,83	線形近似式群	139
差分	139	線形連立方程式	34
作用応力度	14	前進消去	98
三角分解	98	全体剛性マトリクス	94
次元解析	ii	全体座屈	72
質量	104	せん断破壊	114
縦距	28	せん断破壊形態	114
重心	18	せん断力	14,102
重心軸	18	損傷イベント	118
集成断面	18	損傷レベルの判定方法	126
集中荷重	10,12		
自由度	6		

た

自由物体図	4	第1象限	88
照査	i	対応関係	40
使用性	124	耐震性能照査	ii

たわみ …………………………………32	非対称の3本トラス ………………………72
たわみ角 ………………………………32	ひび割れ ………………………………106
たわみの最大値 …………………………35	微分方程式 …………………………32,78
弾性荷重法 ……………………………32	微分方程式による方法 …………………32
弾性係数 ………………………………16	ヒンジ …………………………………62
弾性剛性 ………………………………120	復元力特性 ……………………………118
弾性条件 ………………………………89	複合構造 ………………………………106
ダンパー ………………………………104	腹板 ……………………………………20
断面係数 ……………………………16,18	部材剛性マトリクス ……………………89
断面寸法 ………………………………53	部材内力の総和 …………………………6
断面2次モーメント ……………………14	部材の非線形性 ………………………124
断面の強度 ……………………………86	不静定構造 ……………………………ii
断面法 ………………………………62,66	不静定構造物 ………………………6,50,68
断面力 …………………………………4	不静定3本トラス ………………………68
力の釣合い ……………………………2	不静定次数 ……………………………6
着目点位置 ……………………………27	不静定力 ……………………………51,52
超越方程式 ……………………………83	復旧性 …………………………………124
適合条件 …………………………6,50,89	部分構造 ………………………………12
鉄筋降伏 ………………………………106	フランジ ………………………………20
鉄筋の損傷状態 ………………………112	プレートガーダー ………………………20
転置行列 ………………………………90	分解 ……………………………………2
等値線 …………………………………58	分布荷重 ………………………………10
動的解析 ………………………………ii	平行弦ワーレントラス …………………62
等分布荷重 ……………………………12	平衡条件 …………………………6,50,89
	ベクトル ………………………………2
## な	変位法 …………………………………88
	変位マトリクス ………………………94
内力 ……………………………………90	補修費用 ……………………………124,128
伸び ……………………………………8	骨組構造物 ……………………………6
## は	## ま
柱の境界条件 …………………………78	曲げ応力 ………………………………14
バネ ……………………………………104	曲げ破壊 ………………………………114
反時計回り ……………………………4	曲げ破壊形態 …………………………114
反力 ………………………………4,10,21	曲げモーメント ………………………14
非許容領域 ……………………………56,74	マッコーレー法 ………………………32,42
微小変形 ……………………………14,70	マトリクス構造解析 ………6,88,137,144
非線形スペクトル ………………………126	未定係数 ……………………………34,37,78
非線形性 ………………………………106	

無次元化 ……………………………… 85
目的関数 ………………………… i, 24, 128, 136

や

有限要素法 ……………………………… 88
より良い設計 …………………………… 137

ら

力学的限界状態 ………………………… 134
連続の条件 …………………………… 37, 38, 46

著者略歴

杉本博之
　1969 年　北海道大学工学部土木工学科卒業
　1974 年　北海道大学大学院工学研究科博士課程土木工学専攻修了
　1974 年　室蘭工業大学土木工学科講師
　1975 年　室蘭工業大学土木工学科助教授
　1982 年〜1983 年　米国海軍大学院（文部省乙）
　1994 年　北海学園大学工学部教授
　2015 年　北武コンサルタント株式会社　技術顧問
　2018 年　退社
　　　　　工学博士，北海学園大学名誉教授

渡邊忠朋　（第 8 章担当）
　1982 年　室蘭工業大学土木工学科卒業
　1982 年　日本国有鉄道
　1985 年　日本国有鉄道　構造物設計事務所（コンクリート構造）
　1987 年　財団法人　鉄道総合技術研究所
　1997 年　北武コンサルタント株式会社
　　　　　工学博士，技術士

© Hiroyuki Sugimoto, Tadatomo Watanabe 2019

構造の力学と最適設計法の融合

2019 年 9 月 4 日　　第 1 版第 1 刷発行

著　者　杉　本　博　之
　　　　渡　邊　忠　朋
発行者　田　中　久　喜

発　行　所
株式会社　電　気　書　院
ホームページ　www.denkishoin.co.jp
（振替口座　00190-5-18837）
〒101-0051　東京都千代田区神田神保町 1-3 ミヤタビル 2F
電話(03)5259-9160／FAX(03)5259-9162

印刷　創栄図書印刷株式会社
Printed in Japan／ISBN978-4-485-30257-6

- 落丁・乱丁の際は，送料弊社負担にてお取り替えいたします.
- 正誤のお問合せにつきましては，書名・版刷を明記の上，編集部宛に郵送・FAX（03-5259-9162）いただくか，当社ホームページの「お問い合わせ」をご利用ください．電話での質問はお受けできません．また，正誤以外の詳細な解説・受験指導は行っておりません.

JCOPY 〈(社)出版者著作権管理機構 委託出版物〉

本書の無断複写（電子化含む）は著作権法上での例外を除き禁じられています．複写される場合は，そのつど事前に，(社)出版者著作権管理機構（電話：03-5244-5088, FAX：03-5244-5089, e-mail：info@jcopy.or.jp）の許諾を得てください．また本書を代行業者等の第三者に依頼してスキャンやデジタル化することは，たとえ個人や家庭内での利用であっても一切認められません.